Nívea Cristina Moreira Santos

Anatomia e Fisiologia Humana

2ª Edição

Av. Paulista, 901, 4º andar
Bela Vista - São Paulo - SP - CEP: 01311-100

SAC Dúvidas referentes a conteúdo editorial, material de apoio e reclamações:
sac.sets@saraivaeducacao.com.br

Direção executiva	Flávia Alves Bravin
Direção editorial	Renata Pascual Müller
aquisições	Rosana Ap. Alves dos Santos
edição	Neto Bach
Produção editorial	Daniela Nogueira Secondo

Preparação	Ponto Inicial Estúdio Gráfico
Diagramação	Ponto Inicial Estúdio Gráfico
Capa	Maurício S. de França
Impressão e acabamento	Log&Print Gráfica, Dados Variáveis e Logística S.A.

DADOS INTERNACIONAIS DE CATALOGAÇÃO NA PUBLICAÇÃO (CIP)
CÂMARA BRASILEIRA DO LIVRO, SP, BRASIL

Santos, Nívea Cristina Moreira
 Anatomia e fisiologia humana / Nívea Cristina Moreira Santos. – 2. ed. – São Paulo : Érica, 2014.

 Bibliografia
 ISBN 978-85-365-0626-5

 1. Anatomia humana 2. Fisiologia humana I. Título.

14-06556
CDD-612
NLM-QT 104

Índices para catálogo sistemático:
1. Anatomia e fisiologia humana : Ciências médicas 612

Copyright © Nívea Cristina Moreira Santos
2020 Saraiva Educação
Todos os direitos reservados.

2ª edição
9ª tiragem: 2023

Nenhuma parte desta publicação poderá ser reproduzida por qualquer meio ou forma sem a prévia autorização da Saraiva Educação. A violação dos direitos autorais é crime estabelecido na Lei n. 9.610/98 e punido pelo art. 184 do Código Penal.

CO 13781   CL 640467   CAE 585426

Agradecimentos

Primeiro a Deus por me dar certeza de que tudo é capaz quando se confia.

À minha mãe pela presença constante em todos os meus momentos.

Às minhas filhas Julia e Luiza por me fazerem acreditar que meus sonhos continuam na medida em que os delas se concretizam.

Um agradecimento especial ao meu PAI:

Queria que você soubesse que o maior dom que Deus me deu foi o de transformar meu conhecimento em escrita e com isso contribuir com a formação de muitos profissionais, esse dom é meu maior orgulho. Mas também queria que você soubesse que sem seus princípios e seus ensinamentos nada disso seria possível. Agradeço a Deus por ter tido um pai como você e também agradeço a Ele por ter poupado seu sofrimento. A dor de ter te perdido não passa e não vai passar nunca; vai amenizar um dia. Mas a ferida não vai cicatrizar; fica o vazio, fica o "faltando alguma coisa" – a sua presença. Obrigada por tudo! E sempre esteja em paz!

Este livro possui material digital exclusivo

Para enriquecer a experiência de ensino e aprendizagem por meio de seus livros, a Saraiva Educação oferece materiais de apoio que proporcionam aos leitores a oportunidade de ampliar seus conhecimentos.

Nesta obra, o leitor que é aluno terá acesso ao gabarito das atividades apresentadas ao longo dos capítulos. Para os professores, preparamos um plano de aulas, que o orientará na aplicação do conteúdo em sala de aula.

Para acessá-lo, siga estes passos:

1) Em seu computador, acesse o link: http://somos.in/AFH26

2) Se você já tem uma conta, entre com seu login e senha. Se ainda não tem, faça seu cadastro.

3) Após o login, clique na capa do livro. Pronto! Agora, aproveite o conteúdo extra e bons estudos!

Qualquer dúvida, entre em contato pelo e-mail suportedigital@saraivaconecta.com.br.

Sobre a autora

Nívea Cristina Moreira Santos formou-se em Enfermagem e Obstetrícia pela Universidade de Taubaté, São Paulo, em 1991. É pós-graduada em Auditoria de Serviços de Saúde pela UNICSUL e também nos cursos de Gestão de Enfermagem e Gestão em Saúde pela UNIFESP - UAB.

Desenvolveu seus trabalhos nas áreas de Clínica Médica, Clínica Cirúrgica, Centro Cirúrgico, Pronto-Socorro e Hospital Dia, sendo responsável pela supervisão geral com implantação de normas e rotinas de serviços de enfermagem, Padronização e Sistematização da Assistência de Enfermagem (SAE) e montagem de Centro Cirúrgico Cardiológico. Desenvolveu trabalhos na área de atendimento domiciliar do município onde reside, sendo responsável pela coordenação do serviço de enfermagem, ampliação da área de atendimento e implantação de normas e rotinas no serviço como um todo. Tem vivência em Pronto-Socorro Adulto e Infantil, atuando em pré-atendimento e atendimento de emergência, com supervisão geral da equipe de enfermagem em atendimento emergencial, seguindo normas e condutas do ATLS (Advanced Trauma Life Support) e SAE. Possui experiência em hospital maternidade com implantação de projeto para hospital amigo da criança.

Livre-docente da matéria Primeiros Socorros e Centro Cirúrgico em cursos profissionalizantes para enfermagem e supervisão de aulas práticas na referida área.

Atualmente, trabalha com auditoria de enfermagem em contas médicas em plano de saúde com atenção voltada para OPME (Órteses, Próteses e Materiais Especiais) e auditoria de pós-cirúrgico. Realiza serviços de consultoria. Sócia-proprietária de empresa em consultoria de saúde.

Autora dos livros *Assistência de Enfermagem Materno-Infantil, Clínica Médica para Enfermagem, Centro Cirúrgico e os Cuidados de Enfermagem, Enfermagem na Prevenção e Controle da Infecção Hospitalar, Urgência e Emergência para Enfermagem, Home Care - A Enfermagem no Desafio do Atendimento Domiciliar* e coautora do livro *Manuseio e Administração de Medicamentos*, todos publicados pela Editora Iátria.

Sumário

Capítulo 1 - Conceitos Básicos 11
   1.1 Células 11
      1.1.1 Constituição 12
      1.1.2 Composição química das células 12
   1.2 Fisiologia 13
   1.3 Anatomia 14
      1.3.1 Conceitos básicos 14
      1.3.2 Divisão da anatomia 14
      1.3.3 Planos anatômicos 15
      1.3.4 Divisão do corpo humano 16
      1.3.5 Conceitos gerais de normalidade e anormalidade 17
      Agora é com você! 18
   1.4 Bibliografia 18

Capítulo 2 - Sistema Esquelético 19
   2.1 Conceitos básicos 19
   2.2 Funções do esqueleto 20
   2.3 Divisão do esqueleto 20
      2.3.1 Esqueleto axial 21
      2.3.2 Esqueleto apendicular 24
   2.4 Composição dos ossos 27
   2.5 Partes dos ossos 27
   2.6 Classificação dos ossos 28
   2.7 Superfícies ósseas 30
   2.8 Articulações 30
      2.8.1 Introdução 30
      2.8.2 Classificação das articulações 31
      2.8.3 Movimentos articulares 32
      2.8.4 Principais articulações da coluna vertebral 33
      2.8.5 Articulações dos membros superiores 35
      2.8.6 Articulações dos membros inferiores 36
      Agora é com você! 38
   2.9 Bibliografia 38

Capítulo 3 - Sistema Muscular 39
   3.1 Conceitos básicos 39
   3.2 Tipos de músculos 40
   3.3 Propriedades dos músculos 42
   3.4 Classificação dos músculos 42
   3.5 Funções musculares 45
   3.6 Tendões e ligamentos 45
      3.6.1 Características 46

3.6.2 Relação entre tendões e ligamentos..46

3.6.3 Presença de bolsas sinoviais...47

3.7 Fáscias e aponeuroses...47

3.8 Músculos da coluna cervical 48

3.9 Músculos da cabeça 50

3.10 Músculos que auxiliam na dinâmica respiratória...51

3.11 Músculos do membro superior..52

3.12 Músculos do membro inferior 53

Agora é com você!...55

3.13 Bibliografia...56

Capítulo 4 - Sistema Nervoso 57

4.1 Conceitos básicos..57

4.2 Neurônios..58

4.3 Divisão do Sistema Nervoso..59

4.3.1 Sistema Nervoso Central...59

4.3.2 Sistema Nervoso Periférico...61

4.3.3 Sistema Nervoso Autônomo..62

4.4 Sistema sensorial...63

4.4.1 Características dos órgãos dos sentidos..64

Agora é com você!...65

4.5 Bibliografia...66

Capítulo 5 - Sistema Tegumentar 67

5.1 Conceitos básicos 67

5.2 Composição...68

5.3 Fisiologia da pele...69

5.4 Anexos da pele 69

5.4.1 Pelos..69

5.4.2 Glândulas sebáceas...69

5.4.3 Glândulas sudoríparas..69

5.4.4 Unhas...69

5.5 Principais lesões da pele..70

Agora é com você!...72

5.6 Bibliografia...72

Capítulo 6 - Sistema Circulatório..73

6.1 Conceitos básicos..73

6.2 Divisão do Sistema Circulatório 74

6.2.1 Sistema Sanguíneo 74

6.2.2 Sistema Linfático..74

6.2.3 Órgãos hematopoiéticos...75

6.3 Coração 75

6.3.1 Forma...75

6.3.2 Situação..75

6.3.3 Morfologia interna..75

6.3.4 Vasos de base..76

6.4 Circulação do coração..77

6.4.1 Sistema de condução..78

6.4.2 Tipos de circulação..78

6.5 Sistema linfático...79

6.6 Órgãos hematopoiéticos...80

6.6.1 Baço..80

6.6.2 Timo..80

6.6.3 Medula óssea...80

Agora é com você!..81

6.7 Bibliografia...82

Capítulo 7 - Sistema Respiratório 83

7.1 Conceitos básicos...83

7.2 Divisão do Sistema Respiratório..83

7.3 Anatomia do Sistema Respiratório..85

7.3.1 Fossas nasais..85

7.3.2 Faringe..85

7.3.3 Laringe..85

7.3.4 Traqueia..85

7.3.5 Brônquios – bronquíolos e alvéolos..86

7.3.6 Pulmões...86

7.4 Fisiologia da respiração..87

Agora é com você!..89

7.5 Bibliografia...90

Capítulo 8 - Sistema Digestório... 91

8.1 Conceitos básicos...91

8.2 Divisão do Sistema Digestório...92

8.3 Cavidade bucal – boca...92

8.3.1 Palato...92

8.3.2 Língua...93

8.3.3 Dentes..93

8.3.4 Glândulas salivares..93

8.4 Faringe...93

8.5 Esôfago..94

8.6 Órgãos da cavidade abdominal..94

8.6.1 Diafragma..94

8.6.2 Peritônio..94

8.6.3 Estômago...95

8.6.4 Intestino delgado...95

8.6.5 Intestino grosso...95

8.7 Órgãos anexos 96

    8.7.1 Fígado 96

    8.7.2 Pâncreas..97

    Agora é com você! 98

8.8 Bibliografia 98

Capítulo 9 - Sistema Urinário 99

9.1 Conceitos básicos..99

9.2 Órgãos que compõem o Sistema Urinário 100

    9.2.1 Rim...100

    9.2.2 Ureter 101

    9.2.3 Bexiga...101

    9.2.4 Uretra...101

9.3 Fisiologia da filtração do sangue...102

    Agora é com você! 103

9.4 Bibliografia 104

Capítulo 10 - Sistema Reprodutor 105

10.1 Sistema Reprodutor Masculino..105

    10.1.1 Conceitos básicos...105

    10.1.2 Órgãos genitais masculinos 106

10.2 Sistema Reprodutor Feminino...107

    10.2.1 Conceitos básicos...107

    10.2.2 Órgãos genitais femininos 107

    10.2.3 Ciclo menstrual 108

    10.2.4 Fecundação 109

    Agora é com você! 109

10.3 Bibliografia..110

Capítulo 11 - Sistema Hematológico.. 111

11.1 Conceitos básicos...111

11.2 Grupos sanguíneos 112

11.3 Fator Rh...113

    Agora é com você! 113

11.4 Bibliografia..114

Capítulo 12 - Sistema Endócrino 115

12.1 Conceitos básicos...115

12.2 Principais glândulas endócrinas...116

    12.2.1 Hipófise 116

    12.2.2 Tireoide 116

    12.2.3 Paratireoides..117

    12.2.4 Suprarrenais...117

    12.2.5 Pâncreas...118

    Agora é com você! 119

12.3 Bibliografia..120

Apresentação

O livro *Anatomia e Fisiologia Humana* tem como objetivo principal identificar o funcionamento dos sistemas que envolvem o corpo humano. Está voltado para o profissional da saúde que atuará diariamente em diferentes profissões que a área da saúde abrange.

Traz uma abordagem geral de todo o corpo humano, iniciando com o reconhecimento da célula como unidade funcional do corpo humano, sua estrutura e sua importância na construção dos sistemas do nosso organismo.

Os conceitos de Anatomia e Fisiologia estão presentes em todos os capítulos de acordo com o sistema a ser estudado, iniciando pelo Sistema Esquelético, reconhecendo os principais ossos do corpo humano, suas características e estruturas funcionais.

O mesmo acontece nos demais capítulos, que abrangem cada sistema do corpo humano, como os Sistemas Nervoso, Muscular, Endócrino, Circulatório, Respiratório, Digestório, Excretor, Reprodutor, Tegumentar e Hematológico.

Cada capítulo identifica as estruturas funcionais e apresenta figuras correlacionadas que ajudam na capacidade de memorização e entendimento do texto. Incluímos também, ao final de cada capítulo, atividades que reforçam o aprendizado, e variam de questões práticas e simples a questões de pesquisa e abordagem em sala acompanhada por outro colega e supervisionada pelo professor.

Espero que o conteúdo e a estrutura apresentada atinjam as expectativas do aluno e o estimulem a continuar seus estudos.

A autora

Conceitos Básicos

1

Para começar

Este capítulo tem por objetivo definir os conceitos básicos de Anatomia e Fisiologia, bem como identificar a célula como uma unidade funcional e estrutural do nosso organismo.

Podemos dizer que a Anatomia e Fisiologia humana são o início de todo o processo da vida do ser humano e não podem ser separadas. A função de um órgão ou de um tecido está ligada à sua estrutura, , da qual esperamos evoluir para um funcionamento perfeito dos órgãos.

Iniciaremos os estudos com uma visão global e estrutural das células, depois as definições de Anatomia e Fisiologia propriamente dita, iniciando a divisão do corpo humano e suas posições anatômicas e os princípios da constituição corpórea.

No final deste capítulo, você terá condições de identificar a estrutura do corpo humano e diferenciar seus conceitos básicos.

Vamos aos estudos.

1.1 Células

Definimos como célula a menor porção de matéria viva do corpo humano, podendo ser vista somente por microscópio, que possui unidades estruturais e funcionais. Nosso corpo é constituído por aproximadamente 10 trilhões de células, todas elas contêm informações genéticas necessárias para as funções vitais do nosso organismo.

A origem da palavra célula vem do latim: "quarto pequeno". Foi descoberta em 1665 por Robert Hooke. Em 1838 foi desenvolvida a 1ª teoria da célula, por Matthias Jakob Schleiden e Theodor Schwann, que indica que todos os organismos são compostos de uma ou mais células[2].

Citologia é a parte da biologia que estuda as células[2].

1.1.1 Constituição

As células apresentam em sua constituição:

» Núcleo: parte central da célula, onde encontramos material genético. Tem função relativa ao crescimento e à reprodução celular. O núcleo se divide em: carioteca – estrutura que envolve o conteúdo nuclear; cariolinfa – massa incolor constituída de água e proteína; cromatina – material genético propriamente dito, resultante da associação de proteína e DNA; e nucléolo – está em contato direto com a cariolinfa.

» Citoplasma: parte da célula que conserva sua vida. As estruturas presentes são: lisossomo – parte rica em enzimas, responsável pela digestão celular; mitocôndrias – possuem DNA e geram energia; ribossomos – participam da elaboração de proteínas; e complexo de Golgi – transportam partículas para dentro e para fora do núcleo.

» Membrana citoplasmática: tem como função primordial a proteção e filtragem das substâncias necessárias ao desenvolvimento celular.

Observe na Figura 1.1 a constituição celular que aplicamos no estudo da citologia.

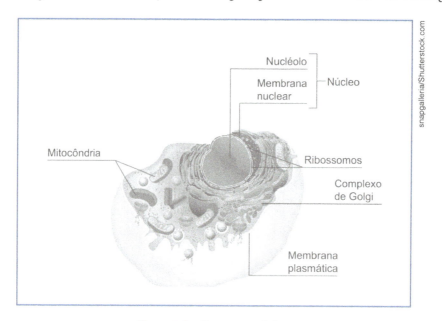

Figura 1.1 - Estrutura celular.

1.1.2 Composição química das células

As células apresentam em sua composição química os seguintes nutrientes, divididos em componentes inorgânicos e orgânicos:

» Componentes inorgânicos: água – é o componente mais abundante da célula. A água constitui 78% das células nervosas do ser humano, 40% das células ósseas e até 94% do feto humano no primeiro trimestre da gestação; sais minerais – estão separados entre solúveis (cálcio, ferro e fosfato) e insolúveis (fosfato de cálcio, também conhecido como "arcabouço" do esqueleto).

» Componentes orgânicos: carboidrato ou açúcares – associação do carbono, hidrogênio e oxigênio, um exemplo dessa associação é a glicose; lipídeos ou gorduras – associação de ácidos graxos e álcool, como os glicerídeos, conhecidos por tecido adiposo, e os esteroides, chamados também de colesterol; proteínas – são componentes orgânicos com funções enzimáticas, hormonal, e de defesa; enzimas – diferenciação das proteínas; ácidos nucleicos – DNA (ácido desoxirribonucleico), possui função de duplicação, e RNA (ácido ribonucleico), produz enzimas e outras proteínas, é produzido pelo DNA; e vitaminas – estão divididas em lipossolúveis, solúveis em gorduras e lipídeos, e hidrossolúveis, solúveis apenas em água.

Amplie seus conhecimentos

Células-tronco – são células que possuem melhor capacidade de se multiplicarem dando origem a células semelhantes. As células-tronco dos embriões têm uma capacidade maior de se transformar em outros tecidos, como ossos, músculos, nervos e sangue. Qual o principal objetivo das pesquisas com célula-tronco?

Pesquise mais em www.todabiologia.com.br

1.2 Fisiologia

Fisiologia é a ciência que estuda as funções dos seres vivos[2]. É o ramo da Biologia que estuda o funcionamento do corpo humano, das células e dos tecidos e órgãos, e deste aos seus respectivos sistemas. Estuda o organismo como um todo na tentativa de realizar suas tarefas primordiais e essenciais à vida.

Na Fisiologia também estudamos os sistemas que controlam os processos da vida, sendo o mais importante a homeostase – equilíbrio dinâmico do organismo, vem do latim, *homo* – similar e *stasis* – fixo. A homeostasia é considerada uma tendência permanente do organismo em manter a constância do meio interno com relação às oscilações do meio externo[4].

A fisiologia se preocupa em manter em perfeitas condições todos os sistemas do corpo humano em comum acordo, com intensidade e frequência adequadas um ao outro.

Veja a seguir a estrutura funcional que a fisiologia exerce nos diferentes sistemas do corpo humano, na tentativa de mantê-los em perfeitas condições de equilíbrio.

» Sistema tegumentar: pele – envoltório de proteção que consegue separar o meio corporal interno do externo, mantendo a temperatura do corpo estável.

» Sistemas muscular e esquelético: mantém a sustentação e equilíbrio do corpo com o meio ambiente.

» Sistema respiratório: responsável pela troca gasosa entre o organismo e meio externo.

» Sistema digestório: responsável pela absorção de água e nutrientes, auxiliando na eliminação de resíduos.

» Sistema excretor: também conhecido como sistema urinário, é responsável pela eliminação do excesso de água e outros resíduos.

» Sistema reprodutivo: auxilia na formação dos óvulos e espermatozoides para a reprodução humana.
» Sistema imunológico: proteção do meio interno contra corpos estranhos.
» Sistema circulatório: responsável pela distribuição e captura de substâncias para todo o organismo.

> **Lembre-se**
> Célula – constituição
> Fisiologia – funcionamento
> Homeostase – equilíbrio dinâmico

1.3 Anatomia

1.3.1 Conceitos básicos

Num conceito amplo, Anatomia é a ciência que estuda macro e microscopicamente a constituição e o desenvolvimento dos seres organizados[1].

Para entendermos melhor todo o funcionamento do corpo humano vamos conhecer, e até mesmo relembrar, alguns conceitos no decorrer dos estudos.

» Célula: estrutura microscópica que representa a unidade anatômica e fisiológica fundamental à vida.
» Tecido: conjunto de células agrupadas com a mesma função. Por exemplo: o tecido muscular.
» Órgão: conjunto de tecidos agrupados que formam uma determinada estrutura com uma função em comum. Por exemplo: o coração.
» Sistema: conjunto de órgãos que se relacionam entre si para uma determinada função, como o sistema circulatório.

Observe na Figura 1.2 que os conceitos identificados acima formam um ciclo, e cada ciclo dá origem a uma estrutura do corpo humano.

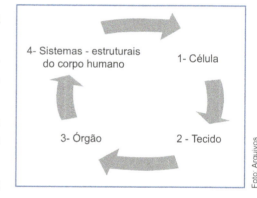

Figura 1.2 - Ciclo da estrutura funcional – organização do corpo.

1.3.2 Divisão da anatomia

A anatomia se divide em:

» Descritiva ou sistêmica: estuda os sistemas do corpo humano separadamente.
» Topográfica ou regional: faz um estudo do corpo por regiões.
» Comparada ou comparativa: estuda comparativamente a anatomia do ser humano com a dos outros animais.
» De superfície: trata das estruturas que estão abaixo da pele por meio da palpação ou visualização do órgão a ser avaliado.
» Radiológica: é o estudo feito pela imagem do corpo humano por meio da radiação.
» Patológica: relaciona-se às mudanças estruturais de um determinado órgão causadas por doenças específicas.

» **Microscópica:** é o estudo da estrutura do órgão com o auxílio do microscópio.

» **Do desenvolvimento:** é o estudo do crescimento e do desenvolvimento do corpo humano, desde a fecundação até a fase da maturidade e, consequentemente, a morte.

» **Do movimento:** é a cinesiologia propriamente dita, ou seja, o estudo do movimento do ser humano como um todo e de seus segmentos corporais.

1.3.3 Planos anatômicos

Os planos anatômicos são definidos como a localização de todos os componentes do nosso corpo com relação ao espaço, ou seja, como nos posicionamos perante o espaço.

Fique de olho!

Plano anatômico é uma convenção adotada em anatomia para descrever a situação especial de um determinado órgão.

Vejamos a seguir os conceitos para cada plano anatômico localizado em nosso corpo.

» **Posição anatômica:** é a identificação do corpo na posição vertical – olhar à frente – palmas das mãos voltadas para frente.

» **Direito e esquerdo:** é a identificação de estar de frente para o outro, sendo a esquerda do outro correspondente à sua direita.

» **Anterior e posterior:** anterior é tudo que esta localizado na parte da frente do corpo, e posterior na parte de trás. Tomamos como referência a localização da face como anterior.

» **Linha média:** linha imaginária que divide o corpo em duas partes, denominando lado direito e lado esquerdo. O que fica além da linha média denominamos parte lateral.

» **Superior e inferior:** toda parte do corpo pode ser identificada como superior ou inferior, em relação ao órgão que estamos verificando. Por exemplo: a boca é superior à região mentoniana (o queixo) e inferior ao nariz; já o nariz é superior a boca e inferior aos olhos.

» **Proximal e distal:** proximal é tudo que localizamos próximo a um ponto de referência e distal tudo que afastamos do ponto de referência. Esses dois planos são mais utilizados quando nos referimos aos membros superiores (ombros) e inferiores (quadril). Por exemplo: as mãos estão em situação distal dos ombros e em situação proximal do antebraço, assim como os pés estão em posição distal do quadril e proximal da região panturrilha.

Para se manter estável, o corpo humano também adota posições com relação aos planos anatômicos, são clas:

» **Ereto:** posição em pé, na vertical.

» **Supino:** posição em decúbito dorsal, ou seja, a região costal para baixo e face para cima.

» **Decúbito ventral:** posição inversa ao supino, ou seja, região abdominal e face para baixo.

» **Decúbito lateral:** posição deitado, lateralmente sobre o lado esquerdo ou direito.

Os planos anatômicos correspondem a uma linha imaginária traçada em todo o corpo humano, possibilitando assim a divisão do corpo em duas partes iguais e distintas com relação ao centro do corpo.

Os planos são:

» Sagital: divide o corpo humano em duas partes, direito (D) e esquerdo (E).
» Horizontal: divide o corpo em duas partes, superior e inferior.
» Frontal: divide o corpo humano a partir da localização, anterior e posterior.

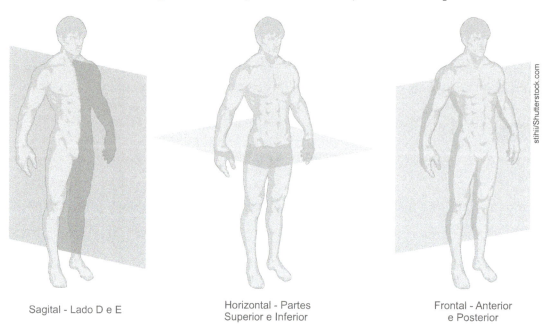

Sagital - Lado D e E   Horizontal - Partes Superior e Inferior   Frontal - Anterior e Posterior

Figura 1.3 - Divisão anatômica por planos.

Fique de olho!

Quando nos referimos a Anatomia e Fisiologia, um dos aspectos mais importantes a apreender é a localização de todos os componentes do corpo humano em relação ao espaço. Para isso, os termos acima foram definidos por conceitos universalmente aceitos, garantindo o entendimento e a compreensão do seu estudo.

1.3.4 Divisão do corpo humano

O corpo humano está dividido em partes, todas em comum igualdade, facilitando a sustentação e locomoção do nosso corpo, bem como a proteção de nossos órgãos. A seguir, vamos estudar cada etapa dessa divisão.

A primeira divisão do corpo humano é:

» Cabeça: extremidade superior do corpo, unida ao tronco pelo pescoço.
» Pescoço: parte de sustentação da cabeça ao restante do corpo.
» Tronco: parte central do corpo, se divide em tórax (cavidade torácica) e abdome (cavidade abdominal).
» Membros: são as extremidades do corpo, se dividem em dois membros superiores e dois membros inferiores. Cada um dos membros possui uma raiz ligada ao tronco e uma parte livre.

Observe a divisão na Figura 1.4.

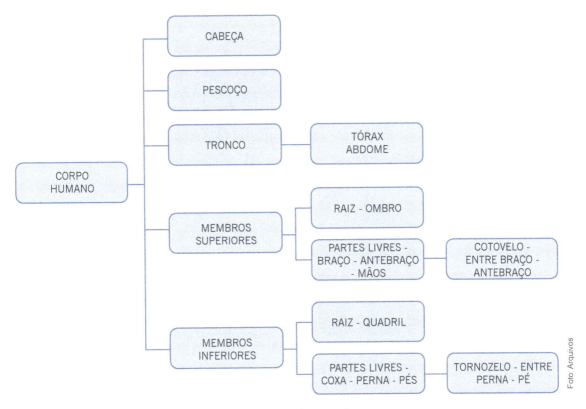

Figura 1.4 - Divisão do corpo humano.

1.3.5 Conceitos gerais de normalidade e anormalidade

Nem tudo que acontece no nosso organismo é considerado normal dentro dos padrões determinados pela Anatomia. Essas variações são denominadas diferenças morfológicas ou variações anatômicas. Podem apresentar-se externamente ou internamente em qualquer parte do nosso corpo, sem prejuízo funcional para o nosso organismo.

Por exemplo, um indivíduo de constituição "magra" e outro de constituição "gorda", ou um indivíduo de estatura baixa e outro de estatura alta, ambos possuem estruturas corporais bem diferenciadas, portanto nenhum deles apresenta desequilíbrio do ponto de vista da variação anatômica.

As diferenças são variações anatômicas apenas externas, não ocorre prejuízo funcional. Já nas anomalias, podem ocorrer alterações morfológicas que determinam complicações funcionais de um determinado órgão.

Quanto à monstruosidade, ela é incompatível com a vida, pode apresentar-se de forma interna e externa. Exemplo: agenesia – ausência completa ou parcial de um órgão e seu primórdio embriológico; nesse caso, podemos citar como exemplo o encéfalo.

Vários fatores interferem nas condições gerais das variações anatômicas, entre eles: idade, idade embriológica, sexo e raça.

Vamos recapitular?

Este capítulo nos permitiu entender a formação do corpo humano. Dessa forma, entenderemos com maior facilidade os demais estudos que estão por vir. Entraremos a seguir em cada sistema que compõe o corpo humano, e vamos ver a importância de conhecer e reconhecer a estrutura inicial do nosso organismo.

Iniciaremos o próximo capítulo com o sistema esquelético, mas, antes disso, nosso próximo passo é responder ao questionário para termos certeza de que as informações foram memorizadas.

Agora é com você!

1) A célula é a estrutura funcional do nosso organismo. Descreva o que é célula, como é sua constituição e sua composição química.

2) Pesquise sobre Fisiologia e faça um resumo para ser apresentado em sala junto com seus colegas.

3) Explique o ciclo da organização do corpo humano.

4) Identifique no manequim de estudo os diferentes planos anatômicos. Peça ajuda ao seu professor.

5) Faça um estudo sobre anomalia, anormalidade e agenesia. Correlacione as diferenças dando exemplos e apresente aos seus colegas.

6) Com base na divisão da Anatomia, diferencie Anatomia do desenvolvimento e do movimento, pesquise com seus colegas e discuta em sala com o professor.

1.4 Bibliografia

(1) DANGELO, J. G.; FATTINI, C. A. **Anatomia humana básica**. 2. ed. São Paulo: Atheneu, 2002.

(2) CRUZ, A. P. (Org.). **Curso didático de enfermagem - módulo I.** 1. ed. São Paulo: Yendis, 2005.

(3) MARQUES, E. C. M. **Anatomia e fisiologia humana.** 1. ed. São Paulo: Martinari, 2011.

(4) APPLEGATE, E. **Anatomia e fisiologia.** 4. ed. São Paulo: Elsevier, 2012.

Sistema Esquelético

Para começar

Neste capítulo vamos estudar o Sistema Esquelético, também conhecido por Sistema Ósseo. Aprenderemos os conceitos e as funções dos ossos que constituem nosso corpo, bem como as articulações e suas estruturas e as funções do esqueleto humano.

Daremos início com a definição do esqueleto, as principais funções que ele exerce sobre o corpo humano e depois sua divisão. Nesta parte dos estudos indicaremos todos os ossos do corpo humano, suas articulações ou junturas, como também são conhecidas, suas respectivas referências anatômicas e as funções dos principais ossos do nosso corpo.

O objetivo do nosso estudo é que, ao final do capítulo, você possa identificar os principais ossos do corpo humano, localizando-os na cabeça, na face, na coluna vertebral, nos membros superiores e inferiores, bem como a função deles.

2.1 Conceitos básicos

O Sistema Esquelético ou Sistema Ósseo, ou esqueleto é um conjunto de ossos, cartilagens e articulações, que interagem entre si, formando o arcabouço do corpo humano.

A osteologia é a ciência responsável pelo estudo dos ossos e articulação, ou seja, do Sistema Esquelético como um todo. Já num sentido mais amplo, a osteologia inclui o estudo da formação dos ossos de todo o esqueleto. O esqueleto deixa de ser uma "reunião de ossos", passando a ter um significado mais amplo, como arcabouço – denominamos arcabouço a estrutura óssea que sustenta o corpo humano.

Dessa forma, o conjunto de ossos e cartilagens se interliga formando o arcabouço e desempenhando várias funções no corpo humano como um todo.

Os ossos são órgãos passíveis de movimentos, são a base de sustentação do corpo humano, formando uma estrutura sólida. Constituem peças rijas, em número, coloração e formas variáveis.

2.2 Funções do esqueleto

As principais funções do esqueleto humano são:

»   Proteção das estruturas vitais: oferecer proteção aos órgãos vitais e vísceras, tais como cérebro, medula, coração e pulmões.

»   Sustentação do organismo: servir como uma espécie de armação para o corpo humano, formando uma estrutura rígida, fixando os tecidos e as partes moles do corpo.

»   Base mecânica do movimento: servir como alavanca para o início da locomoção.

»   Hematopoiética: fazer a hematopoiese, para a medula produzir glóbulos vermelhos, brancos e plaquetas.

»   Armazenamento de sais: como armazenamento e reserva de minerais, principalmente cálcio e fósforo, e em quantidade menor magnésio e sódio.

2.3 Divisão do esqueleto

O esqueleto humano é formado por um total de 206 ossos, divididos em duas grandes porções, denominadas esqueleto axial – 80 ossos, e esqueleto apendicular – 126 ossos. A união dessas duas porções se faz pelas "cinturas" escapular e pélvica.

Fique de olho!

Axial: composto pelos ossos da cabeça, pescoço e tronco.

Apendicular: composto pelos ossos dos membros inferiores e superiores.

Escapular: constituída pelos ossos da escápula e clavícula.

Pélvica: formada pelos ossos do quadril.

Além de apresentar-se na forma mais comum com todos os ossos interligados, o esqueleto também se apresenta de forma isolada, dessa forma, denominamos esqueleto articulado ou desarticulado. Quando o esqueleto se apresenta na forma articulada, a união dos ossos pode ser natural (feita pelos próprios ligamentos e cartilagens), artificial (ligada por meio de peças metálicas) ou mista (usando os dois processos de ligação).

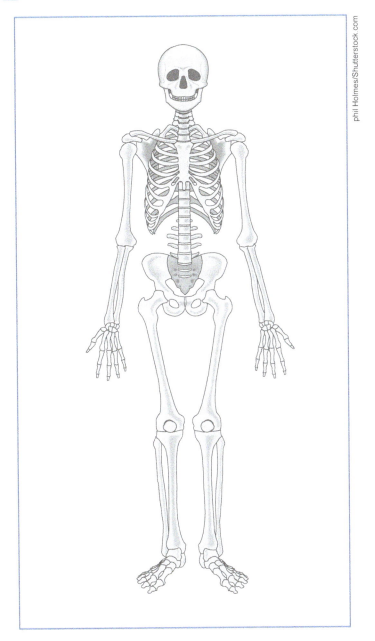

Figura 2.1 - Esqueleto - vista panorâmica dos ossos que constituem a estrutura do corpo humano.

2.3.1 Esqueleto axial

É composto por um total de 80 ossos que formam a principal estrutura de sustentação do corpo humano. Está dividido em:

» Crânio: 8 ossos – dispostos em números ímpares: frontal, occipital, etmoide e esfenoide, e em números pares: temporal e parietal. Observe a Figura 2.2.

» Face: 14 ossos – dispostos em números ímpares: mandíbula e vômer, e números pares: conchas nasais inferiores, nasal, lacrimal, zigomático, maxilar e palatino.

Sistema Esquelético

» Hioide: 1 osso – localizado na parte anterior do pescoço, abaixo do maxilar inferior, à frente da coluna cervical. É suportado e sustentado pelos músculos do pescoço, e suporta a musculatura da base da língua.

» Ossículos auditivos: 6 ossos – dispostos em números pares: martelo, bigorna e estribo. Observe a Figura 2.3.

» Coluna vertebral: 26 ossos divididos da seguinte forma: 7 vértebras na região cervical, 12 vértebras na região torácica, 5 vértebras na região lombar e 2 ossos na região sacrococcígea. Atenção: Os ossos da região sacrococcígea são fundidos – não possuem disco vertebral entre si, são imóveis, constituem 5 ossos fundidos na região sacra e mais 4 fundidos na região coccígea, considerando, dessa forma, 1 osso para cada região, por isso o total de 2 ossos nessa região. Observe a Figura 2.4.

» Esterno: 1 osso – localizado na parte anterior da região torácica, serve de sustentação das costelas e clavícula, formando a caixa torácica – protege os pulmões, coração e grandes vasos – aorta, veia cava, e veias pulmonares.

» Costelas: 24 ossos – considerados 12 pares de cada lado, estão divididas entre verdadeiras, flutuantes e falsas. As costelas verdadeiras são 7 pares superiores ligadas ao esterno por cartilagens próprias e individuais. As costelas falsas são 3 pares ligadas ao esterno por uma única cartilagem. E as costelas flutuantes são 2 pares que não se ligam ao esterno, as extremidades anteriores são livres. Observe a Figura 2.5.

Observe nos desenhos seguintes a localização dos ossos e suas identificações.

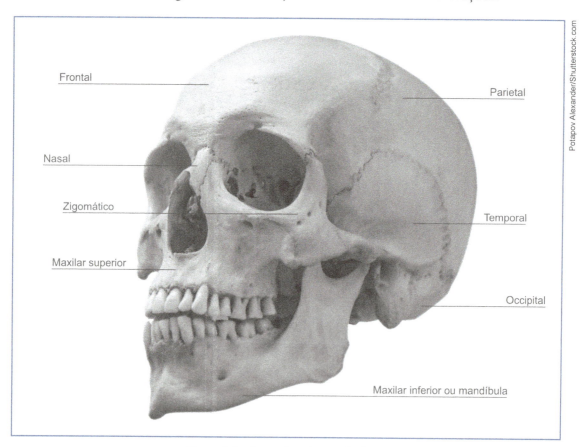

Figura 2.2 - Ossos do crânio e da face.

Anatomia e Fisiologia Humana

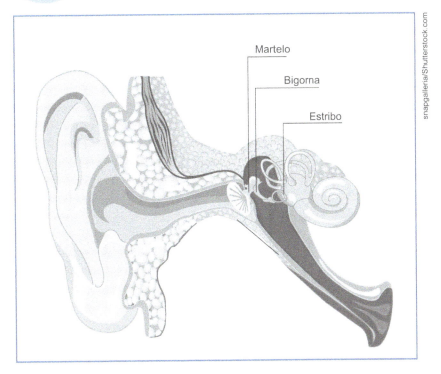

Figura 2.3 - Ossículos do ouvido.

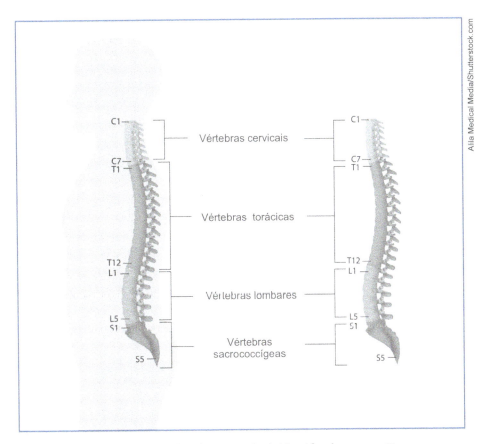

Figura 2.4 - Ossos da coluna vertebral, identificados por regiões.

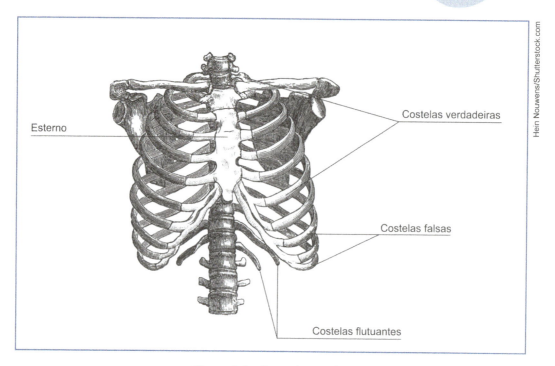

Figura 2.5 - Ossos da costela.

2.3.2 Esqueleto apendicular

É composto por um total de 126 ossos, formando a estrutura que permite ao esqueleto os movimentos. Está dividido em:

- Membros superiores (MMSS)
    - Clavícula: 2 ossos
    - Escápula: 2 ossos
    - Úmero: 2 ossos
    - Rádio: 2 ossos
    - Ulna: 2 ossos
    - Carpo: 16 ossos
    - Metacarpo: 10 ossos
    - Falanges: 28 ossos

- Membros inferiores (MMII)
    - Ossos do quadril: 2 ossos
    - Fêmur: 2 ossos
    - Fíbula: 2 ossos
    - Tíbia: 2 ossos
    - Patela: 2 ossos
    - Tarso: 14 ossos
    - Metatarso: 10 ossos

» Falanges: 28 ossos

Veja as figuras a seguir para melhor assimilar o aprendizado.

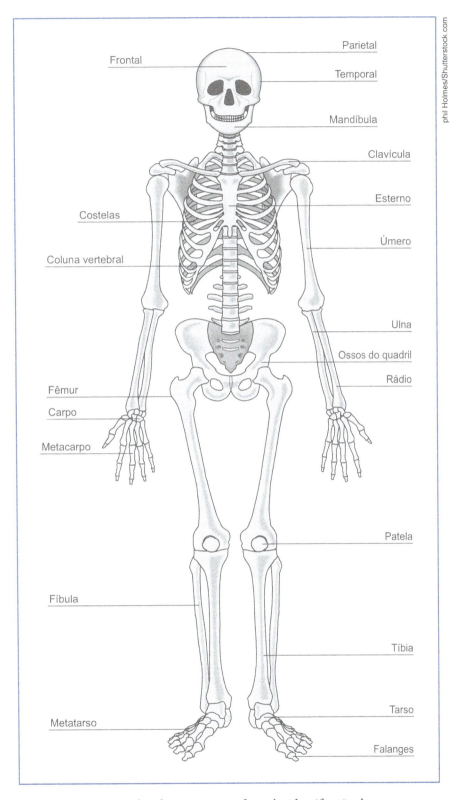

Figura 2.6 - Esqueleto humano - vista frontal e identificação dos ossos.

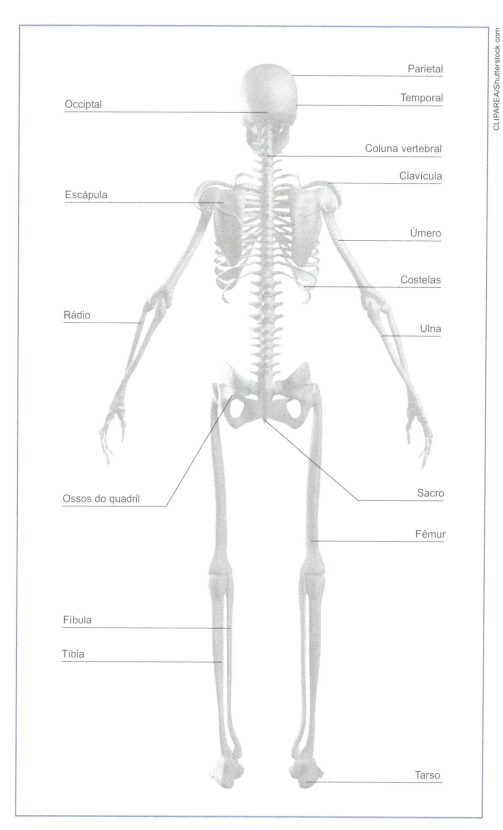

Figura 2.7 - Esqueleto humano - vista posterior e identificação dos ossos.

2.4 Composição dos ossos

Os ossos são formados por duas partes, uma orgânica e outra mineral.

A parte orgânica é constituída por colágeno, onde estão os aminoácidos, e também pela substância fundamental, onde estão as fibras de colágeno que dão resistência e elasticidade aos ossos.

A porção mineral é responsável pela rigidez dos ossos e é formada por fosfato de cálcio, carbonato de cálcio, pequenas porções de fluoreto de cálcio e de magnésio.

2.5 Partes dos ossos

Os ossos estão divididos em partes, e interligados umas as outras. Veja abaixo como ocorre essa divisão.

» Periósteo: membrana que reveste a superfície do osso, com exceção da cartilagem articular. Tem grande concentração de vascularização e é de extrema importância para a regeneração óssea.

» Osso compacto: parte abaixo do periósteo; tem textura densa e apresenta poros, apesar de ser compacto.

» Osso esponjoso: fica localizado logo abaixo do compacto, tem aspecto esponjoso e é altamente poroso. Nele se localiza a medula óssea.

» Medula óssea: preenche o interior do osso, responsável pela produção de células sanguíneas.

» Epífise: são as extremidades dos ossos longos.

» Diáfise: é o corpo dos ossos longos, em que fica localizada a cavidade medular.

» Metáfise: parte em que ocorre o crescimento do osso em comprimento.

Observe na Figura 2.8 a composição e as partes dos ossos.

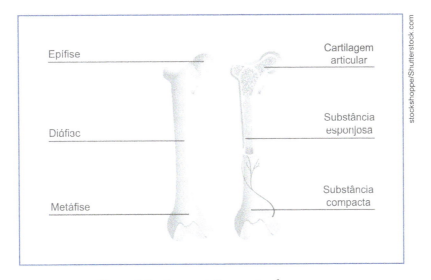

Figura 2.8 - Composição e partes dos ossos.

2.6 Classificação dos ossos

A classificação mais comum e estudada é aquela em que se considera a forma dos ossos, dividindo-os segundo a predominância de uma das dimensões sobre as outras, seja o comprimento, a largura ou a espessura.

» Osso longo: apresenta um comprimento maior que a largura e a espessura. Exemplo: fêmur, úmero, rádio, ulna, tíbia, fíbula e falanges.

» Osso curto: apresenta equivalência das três dimensões. São os ossos que suportam o peso do corpo. Exemplo: ossos do carpo e do tarso.

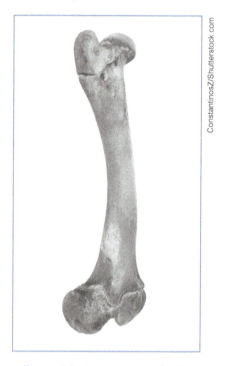

Figura 2.9 - Fêmur: exemplo de osso longo.

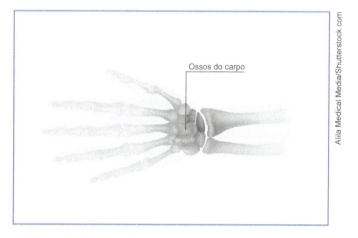

Figura 2.10 - Ossos do carpo: exemplo de ossos curtos.

» **Osso plano:** seu comprimento e sua largura são equivalentes, predominando sobre a espessura. Exemplo: ossos do crânio - parietal, frontal e occipital, escápulas e ossos do quadril - ilíaco.

» **Osso irregular:** não permite estabelecer relação entre suas dimensões. Exemplo: as vértebras.

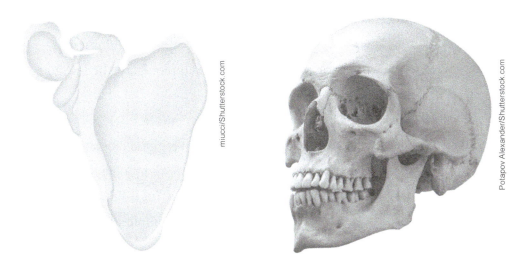

Figura 2.11 - Escápula - exemplo de osso plano, vista posterior, e ossos da cabeça, vista lateral, também exemplo de ossos planos ou chatos.

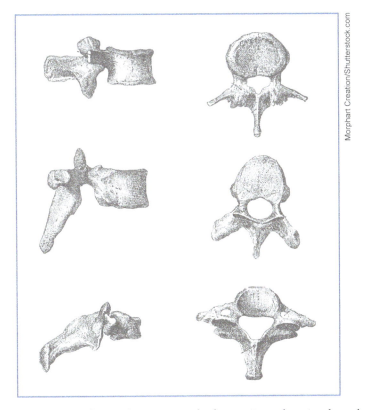

Figura 2.12 - Vértebra torácica - exemplo de osso irregular, vista lateral.

2.7 Superfícies ósseas

Algumas terminologias anatômicas são utilizadas para descrever as superfícies ósseas, bem como suas características. Dentre elas destacam-se:

» Superfícies articulares

Cabeça: extremidade articular globosa, por exemplo: cabeça do fêmur.

Côndilo: projeção delgada de grande porte, por exemplo: côndilos femorais.

Face: superfície achatada, pouco profunda, por exemplo: face articular do rádio.

» Superfícies não articulares

Crista: superfície alongada e estreita, exemplo: crista ilíaca.

Espinha: eminência delgada e pontiaguda, exemplo: espinha isquiática.

Epicôndilo: processo proeminente acima do côndilo, exemplo: epicôndilos do úmero.

Processo: saliência óssea acentuada, exemplo: processo mastoide.

Trocanter: grande processo para inserção muscular, exemplo: trocanter maior e menor do fêmur.

Tuberosidade: processo de superfície áspera e rugosa, exemplo: tuberosidade ulnar.

Tubérculo: processo de forma arredondada, exemplo: tubérculo do úmero.

» Cavidades, depressões e aberturas

Articular: encontrada nos ossos, podendo ser rasa ou profunda.

Forame: cavidade de transmissão de um osso para dar passagem a vasos e nervos.

Fossa: vala, exemplo: fossa mandibular.

Meato: ou canal.

Seio: espaço oco em determinados ossos.

Sulco: depressão alongada, no formato de uma canaleta, por onde passam os tendões e acomodam vasos e nervos.

2.8 Articulações

2.8.1 Introdução

Para que o esqueleto humano tenha movimentos, é necessário que outros elementos entrem em ação. Esses elementos denominam-se articulações, que são pontos de união entre dois ou mais ossos que formam o esqueleto, também podem ser chamados de "juntas" ou "junturas".

Observe algumas definições:

» Artrologia: palavra de origem grega que tem significado de "juntura".

» Sindesmologia: é a parte da anatomia humana que estuda as articulações.

2.8.2 Classificação das articulações

As articulações se classificam em três principais grupos:

» Grupo 1 - Sinartroses: denominadas articulações imóveis ou fibrosas.

» Grupo 2 - Anfiartroses: denominadas articulações semimóveis ou cartilaginosas.

» Grupo 3 - Diartroses: articulações de grandes movimentos ou sinoviais, também conhecidas por articulações móveis.

Veja a seguir as características de cada grupo e suas subdivisões.

Grupo 1 – Sinartroses ou articulações fibrosas

São as articulações desprovidas de movimento, imóveis e subdivididas em dois subgrupos: suturas e sindesmoses.

» Suturas: são articulações fibrosas, que se caracterizam por apresentarem discreto movimento, ou nenhum movimento, por exemplo, os ossos do crânio.

» Sindesmoses: são articulações fibrosas que contêm feixes longos, que podem permitir movimentos mais discretos que os das suturas. As faces ósseas se unem por uma membrana ligamentosa, chamada de membrana interóssea, que possibilita esse discreto movimento. Por exemplo, temos as articulações radioulnar intermediária e tibiofibular distal.

Grupo 2 –Anfiartroses ou articulações cartilaginosas

São as articulações providas de pequenos movimentos, ou pouco móveis, e estão em dois subgrupos: sincondroses e sínfises.

» Sincondroses: nessas articulações os ossos aparecem unidos por uma cartilagem do tipo hialina, como as articulações condrocostais.

» Sínfises: os ossos aparecem unidos por um disco fibrocartilaginoso, variável, formando um ligamento intraósseo, como o disco intervertebral que une as vértebras entre si, e a sínfise pubiana que une os ossos do quadril.

Grupo 3 – Diartroses ou articulações sinoviais

São providas de grandes movimentos - a maioria das articulações do corpo humano são sinoviais. Possuem alguns elementos de constituição, como cartilagem articular, cápsula articular, membrana sinovial, líquido sinovial, ligamentos e elementos acessórios, como a orla ou lábio e os discos e meniscos.

Veja as características de cada elemento:

» Cartilagem articular: do tipo hialina, constituída de colágeno e fibras elásticas, desprovida de nervos ou vasos sanguíneos, nutrida pelo líquido sinovial, confere flexibilidade e sustentação. Estão moldadas aos ossos, porém sofrem variação de espessura. A cartilagem articular é a responsável pelo amortecimento das pressões de impacto que o corpo sofre, redistribuindo as forças para os órgãos e demais articulações, reduzindo e absorvendo o choque entre as articulações adjacentes.

Sistema Esquelético

» **Cápsula articular:** é uma membrana que envolve a articulação, promovendo maior fixação, dando segurança e proteção às extremidades ósseas. É na cápsula articular que o líquido sinovial é produzido.

» **Membrana sinovial:** é uma membrana de tecido vascularizado que reveste internamente a cavidade articular.

» **Líquido sinovial:** viscoso, pode ser comparado a uma "clara de ovo", produzido pela ultra-filtração da membrana sinovial. Suas funções são nutrir a cartilagem articular, diminuir a força de atrito entre as cartilagens, em razão da sua viscosidade e elasticidade, e lubrificar as superfícies articulares.

» **Ligamentos:** são fibras que permitem reforçar o conjunto articular, perfazendo a trajetória de um osso a outro.

» **Elementos acessórios – orla ou lábio:** consiste em um anel de fibrocartilagem, que aprofunda a superfície articular para um dos ossos, estabelecendo maior estabilidade óssea; **discos e meniscos** – compreendem as fibrocartilagens interpostas entre ossos de uma determinada articulação. Possuem quatro diferentes funções: absorção e distribuição da carga corporal, proteção da articulação periférica, aumento da área de contato entre as superfícies articulares e limite do deslizamento entre os ossos.

2.8.3 Movimentos articulares

Estão relacionados com os principais eixos do corpo humano, como estudamos anteriormente. Lembre-se de que eixos são linhas reais ou imaginárias ao redor do corpo, que realizam o seu movimento. Todo eixo é perpendicular ao plano de que estamos tratando.

Três eixos básicos servem de referência para os movimentos do corpo: o eixo transverso, o anteroposterior e o longitudinal.

Os movimentos articulares são produzidos juntamente com a ação dos músculos, podendo ser classificados da seguinte forma:

» **Flexão:** diminuição do ângulo que se forma entre os segmentos que estão sendo articulados.

» **Extensão:** aumento do ângulo que se forma entre os segmentos que estão sendo articulados.

» **Hiperextensão:** é o aumento da amplitude de extensão, partindo da posição anatômica.

» **Abdução:** é realizada de forma que o segmento corporal afasta-se da linha média do corpo.

» **Adução:** ocorre quando aproximamos o segmento em direção à linha média do corpo, ou seja, o inverso da abdução.

» **Pronação e supinação:** movimentos específicos do antebraço. A pronação é o movimento interno e a rotação, o movimento externo, ou seja, a supinação.

» **Flexão:** movimento específico da coluna, ocorre no plano frontal, ao redor do eixo antero-posterior. O movimento pode ser para direita ou para esquerda, ou seja, lateral, ou ainda para baixo e para trás.

» Rotação: consiste no movimento em torno do eixo longitudinal, ocorrendo o afastamento do segmento da linha média do corpo. Pode ser também denominada rotação externa ou rotação lateral. O movimento contrário a este se denomina rotação interna, em que o segmento é aproximado da linha média do corpo.

» Flexão plantar: movimento específico da articulação do tornozelo, no qual elevamos a perna, tirando os calcâneos do chão, e ficamos apoiados nas pontas dos pés.

» Dorsiflexão: movimento também específico da articulação do tornozelo, em que aproximamos a face anterior da perna, apoiando os calcâneos, e permanecemos com as pontas dos pés elevadas.

» Inversão: movimento articular específico dos pés, no qual ocorre elevação da borda medial do pé. Esse tipo de movimento permite associar outros movimentos, ou seja, um conjunto de movimentos é utilizado para que a inversão ocorra, podendo se juntar a eles a supinação, a adução e a flexão plantar.

» Eversão: movimento articular específico dos pés, no qual ocorre elevação da borda lateral do pé. Também permite associar outros movimentos opostos, entre eles, a pronação, a abdução e a dorsiflexão.

» Elevação e depressão: movimentos específicos da cintura escapular e pélvica, que ocorrem no plano frontal.

» Circundação: é um movimento circular de um determinado segmento do corpo, permitindo associar outros movimentos, como a flexão, a extensão, a abdução e a adução. Pode ser definido como um movimento circular de um segmento em torno de um eixo fixo.

Os movimentos articulares também dependem do grau de liberdade que a articulação pode exercer, de acordo com os planos e eixos que movem seus segmentos.

Podem aparecer de quatro formas: monoaxial ou uniaxial, biaxial, triaxial ou multiaxial, e não axiais ou anaxiais.

» Monoaxial ou uniaxial: o movimento articular só é permitido em um único plano, em torno de um eixo, apresentando um grau de liberdade no espaço envolvido.

» Biaxial: o movimento articular é permitido envolvendo dois planos e dois eixos, apresentando dois graus de liberdade.

» Triaxial ou multiaxial: permite todos os movimentos no espaço envolvido, apresentando três planos e três eixos, portanto possui três graus de liberdade.

» Não axiais ou anaxiais: permitem apenas o movimento de deslizamento ou torção do espaço envolvido. Não possuem grau de liberdade.

2.8.4 Principais articulações da coluna vertebral

Vimos anteriormente que a coluna vertebral tem função de sustentação do peso do corpo e promove os movimentos de curvatura do corpo, mantendo seu equilíbrio.

As articulações da coluna vertebral se dividem em quatro importantes grupos, cada qual com sua subdivisão, formando assim uma complexa divisão para fins de estudo.

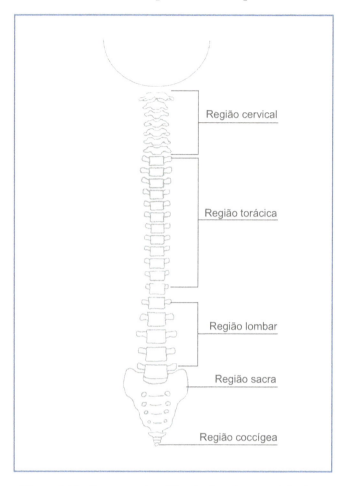

Figura 2.13 - Esquema simplificado da coluna vertebral – relação entre as regiões com os nervos espinhais e com os ossos da coluna.

- » GRUPO I – Intervertebrais
  - » Articulação dos corpos vertebrais
  - » Articulações atlantoaxiais
  - » Articulações lombossacrais
  - » Articulações sacrococcígeas

- » GRUPO II – Costovertebrais
  - » Articulações das cabeças das costelas
  - » Articulações costotransversárias

- » GRUPO III – Craniovertebral ou articulação atlantoccipital

- » GRUPO IV – Articulação sacroilíaca

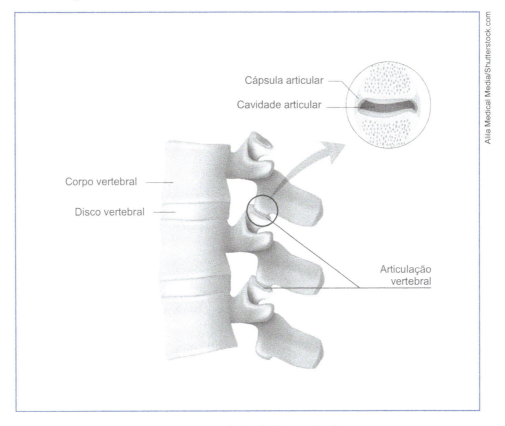

Figura 2.14 - Articulação vertebral.

2.8.5 Articulações dos membros superiores

As articulações dos membros superiores constituem grande parte da movimentação do corpo humano. Classificam-se em onze grupos diferentes, cada qual responsável por um movimento específico, interligados ao grau de liberdade de cada articulação.

- » Articulação esternoclavicular
- » Articulação acromioclavicular
- » Articulação escapulotorácica
- » Articulação do ombro
- » Articulação do cotovelo
- » Articulações radioulnares
- » Articulação radiocárpica ou articulação do pulso
- » Articulações intercárpicas
- » Articulações carpometacárpicas
- » Articulações metacarpofalangianas
- » Articulações interfalangianas

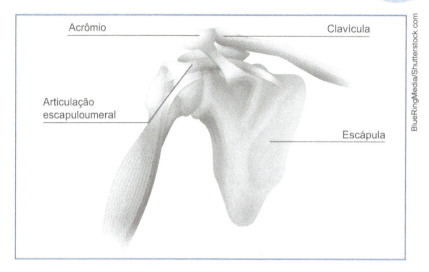

Figura 2.15 - Articulação do ombro.

2.8.6 Articulações dos membros inferiores

As articulações dos membros inferiores também contribuem para uma grande parte da movimentação do corpo humano. Classificam-se em cinco grupos diferentes, alguns possuem subdivisões, cada qual responsável por um movimento específico, interligados ao grau de liberdade de cada articulação.

- » Articulação sacroilíaca
- » Articulação interpúbica
- » Articulação do quadril
- » Articulação do joelho
- » Articulações tibiofibulares
- » Articulações dos pés

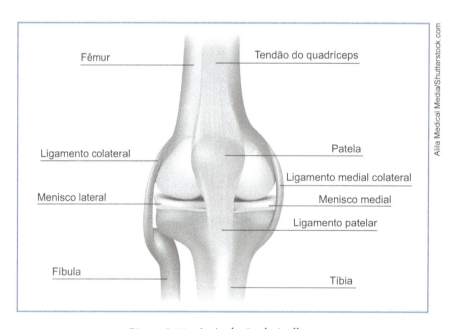

Figura 2.16 - Articulação do joelho.

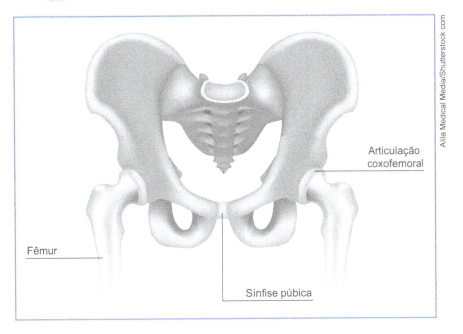

Figura 2.17 - Articulação do quadril.

> **Amplie seus conhecimentos**
>
> O esqueleto feminino é diferente do esqueleto masculino. Algumas partes do corpo são maiores no sexo masculino, como ombro, tórax e comprimento do fêmur, e no sexo feminino a pelve. O esqueleto do recém-nascido possui em torno de 300 ossos, diferentemente do esqueleto adulto, e esses ossos vão se fundir até aproximadamente os 22 anos de vida. Para que o esqueleto humano cresça corretamente, algumas relações são importantes, como por exemplo alimentação e hormônios. Pesquise essa correlação.
>
> www.todabiologia.com.br

Vamos recapitular?

Este capítulo nos proporcionou compreender a formação do nosso esqueleto e sua composição, além de conhecer os movimentos que cada região do nosso corpo é capaz de fazer.

Iniciaremos o próximo capítulo com o Sistema Muscular, que nos permitirá a entender melhor nossa estrutura. Porém, antes disso, vamos às atividades, e assim garantir nosso aprendizado.

Agora é com você!

1) Identifique no esqueleto em sala pelo menos 30 ossos do corpo humano vistos neste capítulo. Conte com a ajuda do professor.

2) Elabore um trabalho sobre articulações e movimentos articulares. Verifique como os movimentos estão sincronizados.

3) Em sala de aula, sob orientação e supervisão do seu professor, identifique em um colega de sala os principais movimentos articulares que descrevemos no capítulo.

4) Quais as funções do esqueleto?

5) O que são sinartroses? Exemplifique.

6) Descreva dois movimentos articulares estudados.

7) Como podemos definir as estratégias de um programa de orientação alimentar?

2.9 Bibliografia

(1) APPLEGATE, E. **Anatomia e fisiologia.** 4. ed. São Paulo: Elsevier, 2012.

(2) CRUZ, A.P. (Org.). **Curso didático de enfermagem - módulo I.** 1. ed. São Paulo: Yendis, 2005.

(3) DANGELO, J. G.; FATTINI, C. A. **Anatomia humana básica.** 2. ed. São Paulo: Atheneu, 2002.

(4) MARQUES, E.C.M. **Anatomia e fisiologia humana.** 1. ed. São Paulo: Martinari, 2011.

(5) MIRANDA, E. **Bases de anatomia e cinesiologia.** 4. ed. Rio de Janeiro: Sprint, 2003.

(6) SANTOS, N. C. M. **Clínica médica para enfermagem.** 1. ed. São Paulo: Iátria, 2004.

(7) _____. **Urgência e emergência para a enfermagem.** 5. ed. São Paulo: Iátria, 2010.

3

Sistema Muscular

Para começar

Daremos início a mais uma parte dos nossos estudos, o Sistema Muscular. Neste capítulo vamos entender o funcionamento da movimentação do nosso corpo.

Já estudamos a estrutura inicial do corpo humano, já vimos também que os ossos constituem os elementos passivos do movimento, juntamente com as articulações. Veremos agora que os músculos são os elementos ativos dos movimentos, também responsáveis pela contração e pelo relaxamento muscular.

3.1 Conceitos básicos

Os músculos são órgãos ativos do movimento do corpo humano, agem de forma elástica por causa das fibras presentes em sua composição e de forma contrátil, ou seja, pela contração exercida por eles sobre as articulações e ossos, os quais estão presos aos tendões, resultando na movimentação do esqueleto.

Os músculos não asseguram somente a movimentação do corpo, mas também toda a sua dinâmica e estática, interligando ossos, articulações e tendões, determinando a posição e postura do corpo humano.

O Sistema Muscular é formado por aproximadamente 650 músculos, representando cerca de 40 a 50% do peso total do ser humano.

Sistema Muscular é um conjunto de órgãos que nos permite o movimento[2]. Nada mais é do que a estrutura muscular do ser humano, que resulta numa série de movimentos para que o esqueleto humano tome vida e realize suas funções vitais. O movimento dos músculos é controlado pelo Sistema Nervoso.

Fique de olho!

Miologia – parte da anatomia humana que estuda os músculos

MIO – músculos   LOGIA – estudo

3.2 Tipos de músculos

Os músculos estão divididos em três grupos, ou denominados também segundo três tipos, diferenciando em estruturas, funções e situações.

Vejamos a seguir as características de cada tipo de músculo:

» **Músculo liso**: é o primeiro tipo de músculo do organismo, também conhecido como músculo involuntário. É formado por um alongamento de células fusiformes, ou seja, não possuem estrias transversais, como visto na Figura 3.1. São encontrados na parede das vísceras de diversos órgãos. São considerados importantes elementos funcionais dos vasos sanguíneos, dos intestinos, do estômago e de outros órgãos, pois realizam o processo de contração lento e involuntário. Exemplos: músculos da bexiga, do intestino delgado, do útero e a pele.

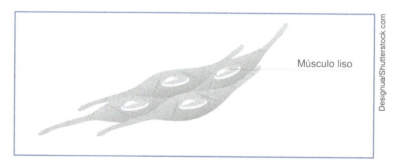

Figura 3.1 - Músculo liso.

» **Músculo estriado cardíaco**: é o segundo tipo de músculo do organismo. É específico do coração, recebe o nome de miocárdio. Constitui um tipo especial de tecido muscular, com fibras estriadas, como pode ser visto na Figura 3.2. Realiza processo de contrações rápidas e involuntárias.

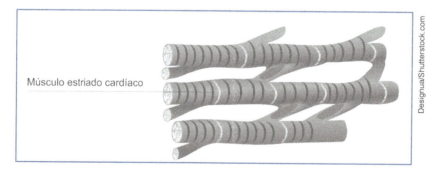

Figura 3.2 - Músculo estriado cardíaco.

» **Músculo estriado esquelético:** é o terceiro tipo de músculo. É formado por feixes de células cilíndricas, longas, com vários núcleos, e apresentam estrias transversais. Dotado de contrações rápidas, voluntárias e vigorosas. Possui em sua constituição um tecido conjuntivo que envolve as fibras, chamado de endomísio, outro grupo de fibras que envolvem os feixes, chamado de perimísio, e um terceiro grupo que envolve todo o músculo, denominado epimísio. Observe as características nas Figuras 3.3, 3.4 e 3.5 a seguir. Os músculos estriados esqueléticos possuem uma porção média e uma extremidade, a porção média recebe o nome de ventre muscular e a extremidade de aponeurose. Veremos mais detalhes adiante.

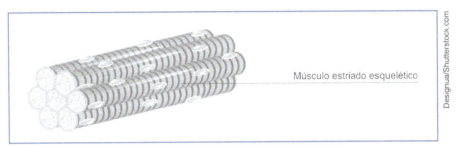

Figura 3.3 - Músculo estriado esquelético.

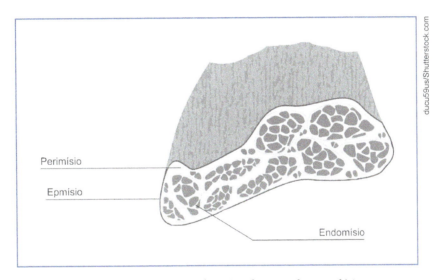

Figura 3.4 - Constituição do músculo estriado esquelético.

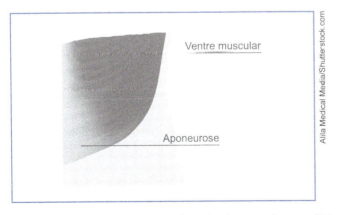

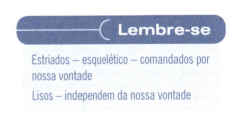

Lembre-se

Estriados – esquelético – comandados por nossa vontade

Lisos – independem da nossa vontade

Figura 3.5 - Componentes anatômicos do músculo estriado esquelético.

3.3 Propriedades dos músculos

Determinado o conceito da capacidade do músculo de ter movimento, existe outro importante aspecto que determina as propriedades musculares. Podemos afirmar que os músculos mantêm e facilitam as posições do corpo humano, permitem movimentos e produzem calor pela sua contração, liberando energia em forma de calor.

Todas as atividades do músculo estão diretamente ligadas a três propriedades:

» Contratilidade: é a propriedade responsável pela contração muscular, quando ele exerce uma determinada função. Na contração muscular, o músculo envolvido torna-se mais curto e aumenta seu volume. Isso ocorre em razão do impulso nervoso que ele sofre durante a excitação.

» Elasticidade: é a propriedade que garante ao músculo envolvido retornar à sua forma e dimensão anteriores à excitação. O repouso do músculo só ocorre por causa do seu potencial de elasticidade.

» Tonicidade: é a propriedade que garante ao músculo sustentação de um determinado peso. O tônus muscular é a capacidade que o músculo tem de adquirir determinada forma e posição[5], o tônus muscular faz com que o músculo suporte a carga de excitação sofrida.

É dessa maneira que o corpo humano se mantém ereto, uma vez que a rigidez muscular permite manter sem grande esforço uma determinada posição dos ossos e articulações.

Envolvendo as três propriedades, o músculo sofre contração muscular, produzindo aproximação de ossos e articulações entre si, e automaticamente sofre o relaxamento muscular, permitindo o afastamento dos ossos e articulações.

Essas contrações dividem-se em dois tipos:

» Contração isotônica: quando a aproximação ocorre causando encurtamento das fibras musculares.

» Contração isométrica: quando ocorre o aumento da tensão ou a força é realizada pela contração isométrica, isto é, o comprimento do músculo não varia de tamanho.

Fique de olho!

Observe que contratilidade é uma propriedade do músculo e contração é a ação que o músculo exerce.

3.4 Classificação dos músculos

Os músculos são classificados de acordo com diversos critérios adotados por vários anatomistas[6], veja a classificação mais comum no Quadro 3.1.

» **Classificação morfológica:** possuem relação com a forma e com o arranjo de suas fibras, extremidades e ventre muscular. As fibras estão dispostas paralela ou obliquamente à direção da tração exercida pelo músculo.

» **Classificação funcional:** são classificados segundo a ação que realizam. Veja adiante mais detalhes sobre as funções musculares.

Quadro 3.1 - Classificação morfológica dos músculos

Classificação	Tipo
1) Quanto à forma - é a forma como o músculo se apresenta.	Trapézio Deltoide Piramidal
2) Quanto ao número de fibras musculares.	Tríceps - 3 porções Bíceps - 2 porções Quadríceps - 4 porções
3) Quanto à ação ou função - determina a ação ou função do músculo conforme o movimento realizado.	Músculo extensor do indicador Músculo abdutor curto do polegar Elevador da escápula
4) Quanto à localização ou situação - relaciona-se com a localização do órgão no qual o músculo se encontra.	Músculo grande dorsal - região dorsal Músculo peitoral maior - músculo do "peito" Músculo frontal - no osso frontal, na cabeça
5) Quanto à fixação - determinada de acordo com sua inserção.	Braquiorradial - tem origem no braço e inserção no rádio Esternocleidomastóideo- tem origem no esterno, envolvendo a clavícula e o processo mastóideo
6) Quanto à direção - determinada pela direção que a musculatura segue.	Músculo reto abdominal Músculo oblíquo externo Músculo transverso do abdome
7) Quanto à dimensão - propriamente é o tamanho que o músculo apresenta.	Curto - masseter Longo - sartório Largo - peitoral maior
8) Outras classificações 8.1) De acordo com a direção das fibras com relação aos tendões.	
8) Outras classificações 8.1) De acordo com a direção das fibras com relação aos tendões.	Fusiformes - fibras longitudinais e paralelas, permitindo grau máximo de movimentação do músculo movimentos rápidos e amplos
8.2) De acordo com a disposição das fibras piriformes.	Peniformes - fibras semelhantes a uma "pena" - pequena amplitude de movimento, porém energéticos Unipenado - o músculo se encontra ao lado do tendão, por exemplo: músculo semimembranoso Bipenado - o músculo converge nos dois lados do tendão, por exemplo: músculo reto femoral Multipenado - o músculo se dispõe em vários tendões, por exemplo: músculo deltoide

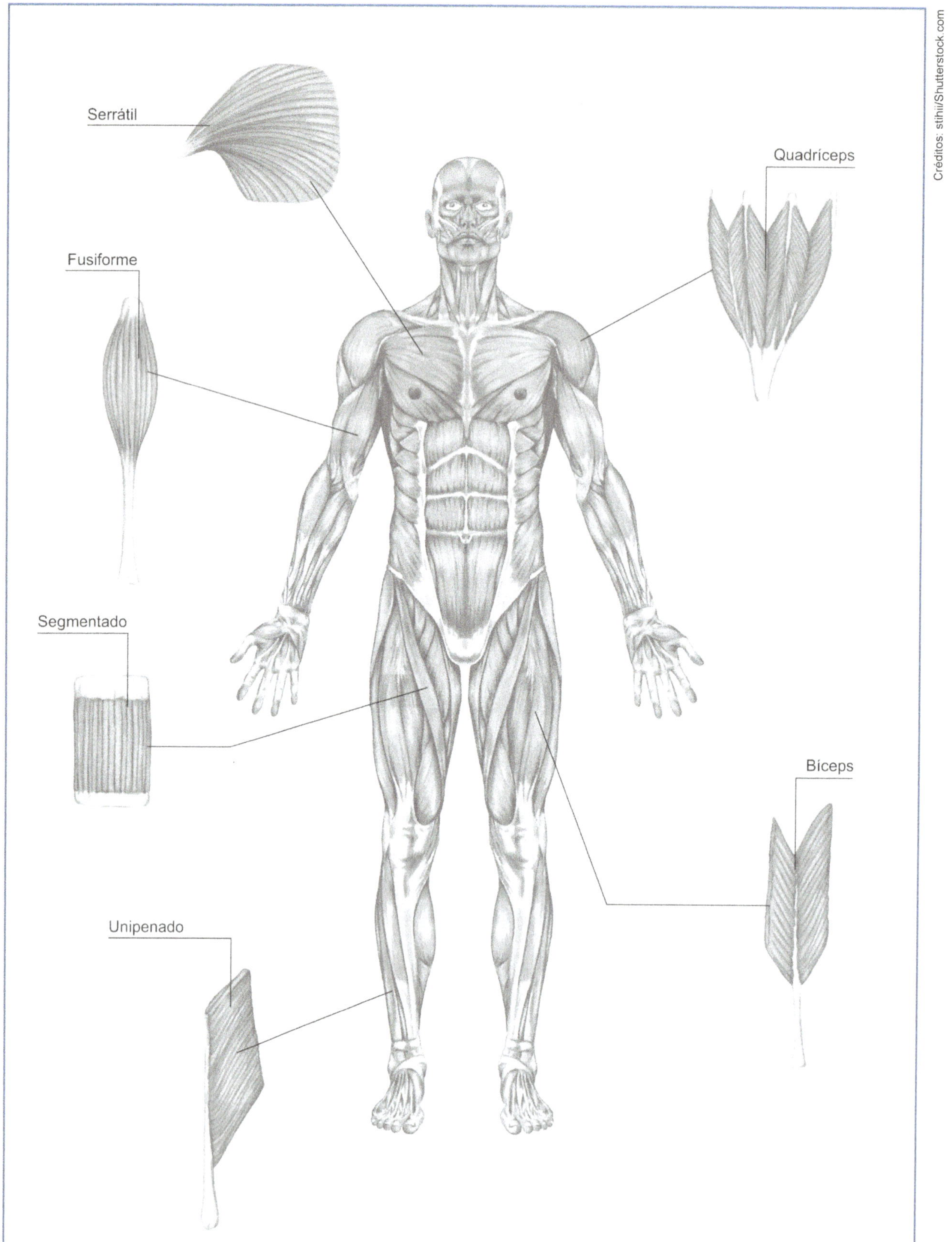

Serrátil

Fusiforme

Segmentado

Unipenado

Quadríceps

Bíceps

Créditos: stihii/Shutterstock.com

Figura 3.6 - Diferentes tipos e disposição de fibras musculares.

3.5 Funções musculares

A análise de um determinado movimento que o músculo realiza é complexa para qualquer tipo de movimento, pois envolve a ação não só de um músculo, mas de vários músculos que auxiliam esse movimento. A esse conjunto de ação, denominamos coordenação motora[6].

Todo esse conjunto de movimentos assegura o equilíbrio e possibilita a perfeita execução do movimento desejado[6].

Vejamos a seguir essas funções exercidas pelos músculos:

» Agonista: quando o músculo ou grupo de músculos é responsável pelo movimento desejado. Exemplo: flexão do cotovelo que envolve o grupo de músculos bíceps braquial, braquial e braquiorradial, e só ocorre por vontade própria.

» Antagonista: quando o músculo executa a ação contrária à do agonista. Sua função é coordenar e moderar o movimento. Exemplo: flexão do tronco contra resistência externa - agonista: músculos do abdome e o antagonista: músculos eretores da coluna.

» Sinergista: músculo que tem a função de auxiliar o movimento dos demais músculos envolvidos no movimento. Exemplo: a flexão dos dedos é dificultada se a articulação do punho também estiver em posição de flexão.

» Estabilizador: também denominado fixador, estabiliza um segmento do corpo para que outra musculatura ativa tenha firmeza na sua função. Exemplo: exercícios de apoio no solo - os músculos do abdome se contraem, impedindo que a coluna sofra uma hiperextensão.

3.6 Tendões e ligamentos

Os tendões e ligamentos fazem parte da musculatura, auxiliando no desenvolvimento estrutural dos músculos.

Os tendões são constituídos de fibras de colágeno onduladas, dispostas paralelamente, juntamente com fibras de elastina e reticulina, que tendem a aumentar o volume da musculatura. São a parte ativa do músculo, parte contrátil. Ligam os músculos aos ossos e suportam cargas tensionais unidirecionais.

Os ligamentos acompanham a formação dos tendões e estão interligados a eles. Ligam duas estruturas ósseas, possuem fibras paralelas e entrelaçadas, suportam cargas tensionais em uma direção principal e em direções secundárias.

Observe essas características e diferenças na Figura 3.7 a seguir.

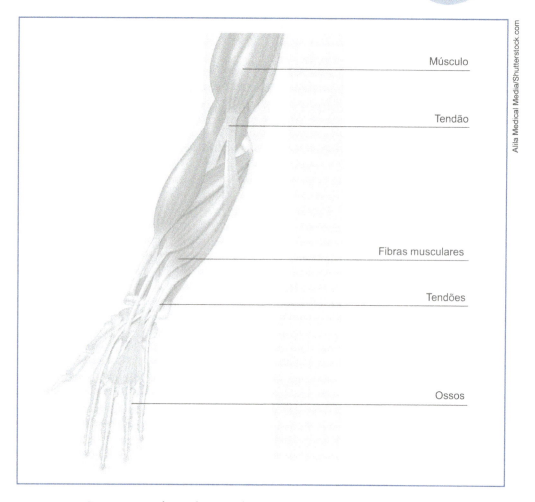

Figura 3.7 - Relação de músculo e ossos com tendões e ligamentos.

3.6.1 Características

» A estrutura reduz a fricção entre as fibras.

» Os tendões submetidos a tensão fazem com que as fibras se alonguem na direção da força de tensão.

» Quando o movimento é interrompido, as fibras elásticas reorientam as fibras onduladas de colágeno, voltando à situação de repouso, sem sofrer lesões.

3.6.2 Relação entre tendões e ligamentos

» São estruturas adaptadas para exercer transmissão da carga em movimento, do músculo para os ossos - tendão - e de osso para osso - ligamento.

» São responsáveis pelo controle da carga, evitando sobrecarga de um ou de outro músculo em ação.

» Nos tendões o suprimento de sangue é escasso, porém aumenta quando se observa infecção ou lesão, já o suprimento nervoso é sensitivo.

3.6.3 Presença de bolsas sinoviais

» Encontram-se nos tendões que estão em contato com os ossos e nos ligamentos. São denominados "sacos de tecido conjuntivo", estão revestidos por membranas lisas e possuem em seu interior líquido sinovial. Entre suas funções encontram-se:
   » Diminuir o atrito entre as partes envolvidas;
   » Agilizar o deslizamento dos tendões;
   » Amortecer forças bruscas sobre os tendões e ligamentos;
   » Lubrificar os tendões e ligamentos.

3.7 Fáscias e aponeuroses

São tecidos conjuntivos que envolvem todo o Sistema Muscular. Apresentam-se como lâminas achatadas, revestindo e separando os músculos entre si, como podemos ver na Figura 3.8. Recebem denominações de acordo com o músculo que está envolvido, ou de acordo com a região em que o músculo está localizado, como, por exemplo, fáscia toracolombar.

Exercem algumas funções básicas, entre elas:

» Servem de origem e inserção aos músculos;
» Constituem bainhas fibrosas para os tendões;
» Servem de vias de orientação para os vasos sanguíneos e nervos;
» Permitem o deslizamento de uma estrutura sobre a outra, evitando ou diminuindo o atrito;
» Durante a contração muscular, proporcionam um meio elástico, evitando a estase sanguínea.

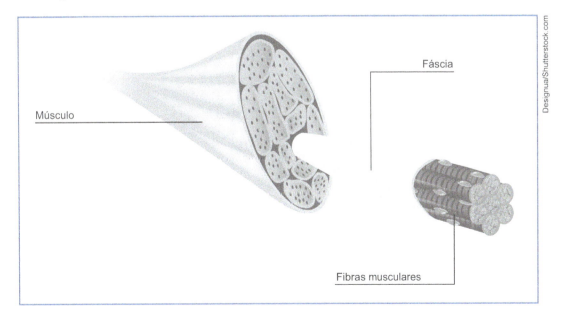

Figura 3.8 - Fáscia e aponeurose.

Sistema Muscular

3.8 Músculos da coluna cervical

Os músculos que envolvem a coluna vertebral são de grande complexidade, tornando-se difícil uma divisão exata e eficaz de cada grupo.

A divisão dos músculos se dá em três grandes grupos, levando em consideração o estudo funcional de cada um.

A divisão dos músculos da coluna vertebral destaca-se da seguinte forma:

» Grupo I - anterior: região cervical anterior e toracolombar anterior.
» Grupo II - posterior: região cervical posterior e toracolombar posterior.
» Grupo III - lateral: região cervical lateral (D e E) e toracolombar (D e E).

Observe nas Figuras 3.9 a 3.12 os principais músculos da coluna cervical.

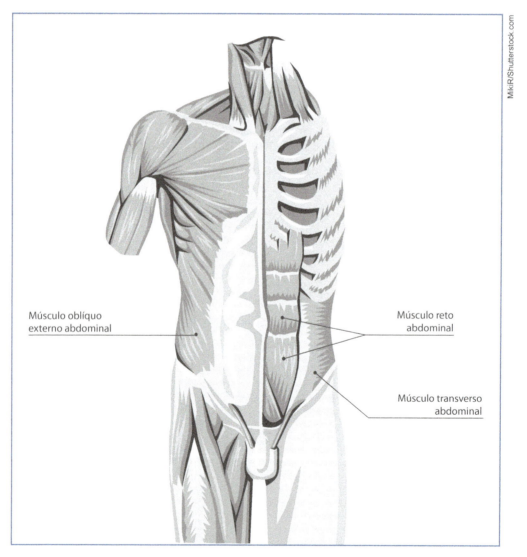

Figura 3.9 - Musculatura da coluna cervical – Grupo I.

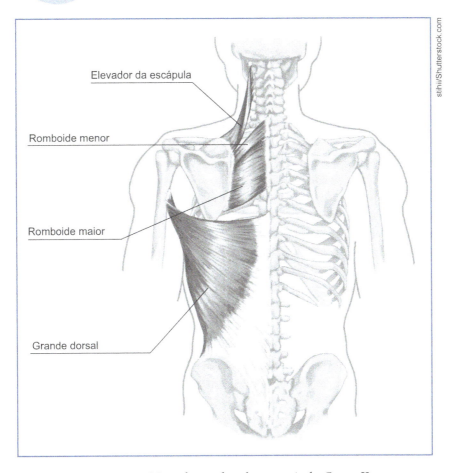

Figura 3.10 - Musculatura da coluna cervical - Grupo II.

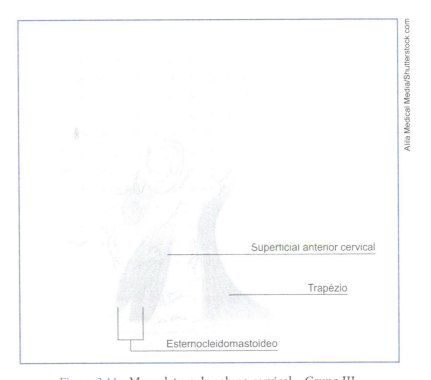

Figura 3.11 - Musculatura da coluna cervical – Grupo III.

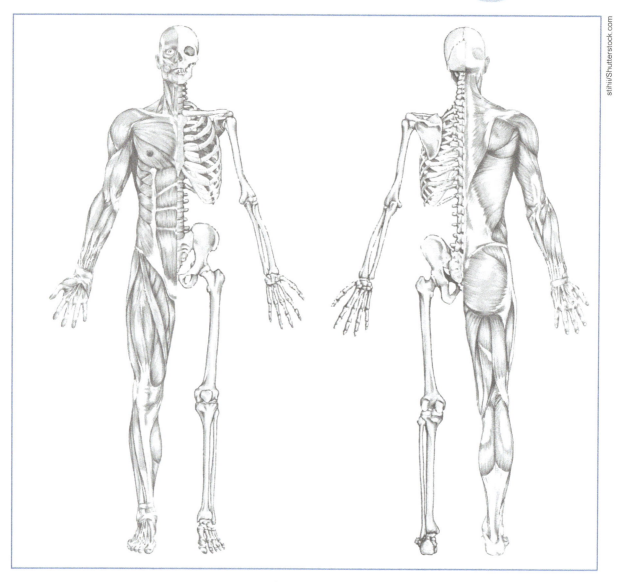

Figura 3.12 - Vista panorâmica dos músculos – regiões anterior e posterior.

3.9 Músculos da cabeça

Os músculos da cabeça estão divididos em dois grupos: os mastigadores e os músculos mímicos faciais.

» **Músculos mastigadores:** inserem-se na mandíbula e possuem como principal objetivo os movimentos da ATM[8] – articulação temporomandibular. São responsáveis pela mastigação. São eles: temporal, masseter, pterigóideos interno e externo.

» **Músculos mímicos faciais:** têm origem na superfície do crânio, com inserção na derme, movimentando-a durante a contração[7]. São responsáveis pelo aspecto fisionômico do ser humano. São eles: orbicular dos lábios, bucinador, piramidal, frontal, corrugador do supercilio, orbicular da pálpebra, grande zigomático e pequeno zigomático.

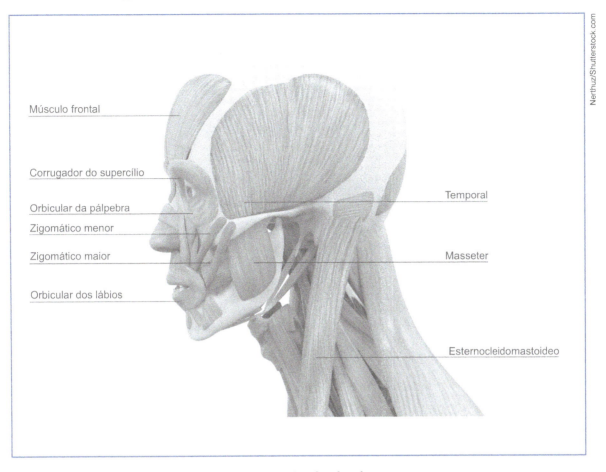

Figura 3.13 - Músculos da cabeça.

3.10 Músculos que auxiliam na dinâmica respiratória

Alguns músculos são responsáveis por manter a dinâmica respiratória em perfeitas condições para que o ser humano desempenhe suas funções e atividades, sem que haja desequilíbrio nas condições impostas por eles.

Os principais músculos envolvidos nessa dinâmica são:

» Músculos inspiratórios: são os músculos intercostais externos e o diafragma. Ambos têm a função de produzir o aumento da caixa torácica. Também auxiliam na dinâmica os músculos acessórios, como o subclávio, o esternocleidomastóideo, os escalenos, e o peitoral menor.

» Músculos expiratórios: são os músculos abdominais e intercostais internos. Ambos têm a função de produzir a diminuição da caixa torácica.

Acompanhe:

» Diafragma: movimenta para baixo e para cima, permitindo que a caixa torácica se encurte e alongue, respectivamente[7].

Sistema Muscular

51

- » Intercostais externos e internos: elevam o gradil costal promovendo a expansão dos pulmões[7].
- » Levantadores das costelas: este e os demais a seguir também auxiliam na expansão e diminuição da caixa torácica.
- » Serrátil posterossuperior e posteroinferior
- » Subcostais
- » Transverso do tórax

Os pulmões flutuam dentro da cavidade torácica, envolvidos por uma camada de líquido pleural, com a função de lubrificar os movimentos pulmonares dentro da cavidade torácica.

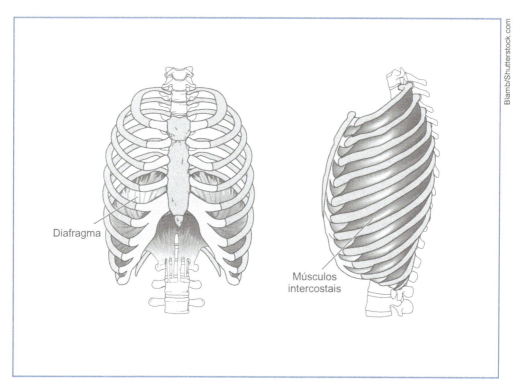

Figura 3.14 - Músculos que auxiliam na respiração.

3.11 Músculos do membro superior

Os músculos que participam do grupo do membro superior são em número elevado, uma vez que se dividem em vários subgrupos de movimento. Veja a seguir a divisão desses subgrupos e alguns de seus respectivos músculos.

- » Músculos do movimento da cintura escapular

    Anteriores: subclávio, peitoral menor, serrátil anterior;

    Posteriores: elevador da escápula, romboide, trapézio.

» Músculos do movimento da articulação do ombro

Deltoide, supraespinhoso, infraespinhoso, redondo menor, redondo maior, subescapular, peitoral maior, grande dorsal e coracobraquial.

» Músculos do movimento do cotovelo e radioulnar

Bíceps braquial, braquial, braquiorradial, tríceps braquial, ancôneo, pronador redondo, pronador quadrado, supinador.

» Músculos do movimento do punho

Radial do carpo, palmar, extensor radial longo e curto do carpo.

» Músculos do movimento dos dedos

Flexor e extensor dos dedos, antebraquiais motores do polegar, flexor e extensor do polegar.

» Músculos do movimento da mão

Palmar, abdutor e flexor do polegar, flexor do dedo mínimo.

3.12 Músculos do membro inferior

Assim como os músculos superiores, os músculos inferiores também são em grande número, e se dividem em vários subgrupos de movimento. Veja a seguir a divisão desses subgrupos e alguns de seus respectivos músculos.

» Músculos do movimento da articulação do quadril

Glúteo, pelvitrocanterianos, piriforme, gêmeo, obturador interno e externo, quadrado femoral, psoas ilíaco, ilíaco, pectíneo, adutor, grácil, bíceps femoral, reto femoral, sartório, fáscia lata, semitendinoso, semimembranoso.

» Músculos do movimento do joelho

Quadríceps femoral, retofemoral, vasto lateral, poplíteo, plantar, crural.

» Músculos do movimento do tornozelo e pé

Tibial anterior, extensor do hálux, fibular, gastrocnêmio, tríceps sural, sóleo, poplíteo, tibial posterior.

Sistema Muscular

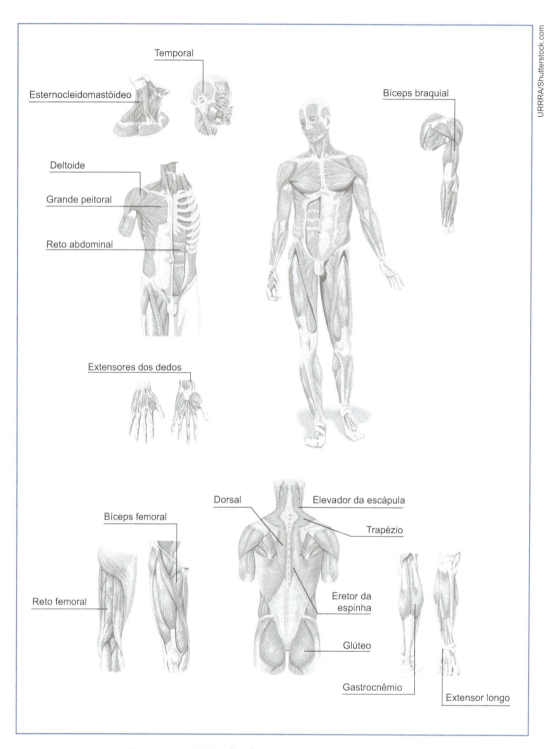

Figura 3.15 - Músculos dos membros superior e inferior.

Amplie seus conhecimentos

O estímulo para a contração muscular é geralmente um impulso nervoso, que chega à fibra muscular através de um nervo. O impulso nervoso propaga-se pela membrana das fibras musculares (sarcolema) e atinge o retículo sarcoplasmático, fazendo com que o cálcio ali armazenado seja liberado no hialoplasma. Ao entrar em contato com as miofibrilas, o cálcio desbloqueia os sítios de ligação da actina e permite que esta se ligue à miosina, iniciando a contração muscular. Assim que cessa o estímulo, o cálcio é imediatamente rebombeado para o interior do retículo sarcoplasmático, o que faz cessar a contração. Pesquise sobre essa relação de contração associada à liberação de cálcio.

www.todabiologia.com.br

Vamos recapitular?

Este capítulo nos permitiu entender e compreender a dinâmica dos movimentos musculares, assim como a divisão e classificação dos principais músculos do nosso corpo.

Divididos por regiões e tipos, aprendemos a identificá-los diferenciando suas particularidades.

Para darmos continuidade no próximo capítulo, no qual abordaremos o Sistema Nervoso, vamos praticar nossos conhecimentos respondendo as atividades a seguir.

Agora é com você!

1) Escolha um colega de sala e, sob orientação e supervisão de seu professor, realize as funções musculares exercidas pelos principais músculos que estudamos. Durante a ação sinalize quais músculos estão em movimento.

2) No esqueleto de sala, identifique a localização/região em que se encontram os seguintes músculos: Toracolombar – Reto abdominal – Grande dorsal – Grande zigomático – Romboide maior – Esterno – Intercostal.

3) Faça um estudo sobre a dinâmica respiratória e, junto aos seus colegas, debata com seu professor sobre o assunto.

4) O que são músculos? Dê um exemplo de músculo liso.

5) As atividades dos músculos estão diretamente ligadas a três prioridades, quais são essas prioridades?

6) Descreva a classificação dos músculos.

Sistema Muscular

3.13 Bibliografia

(1) KAWAMOTO, E. E. **Anatomia e fisiologia humana.** 3. ed. São Paulo: EPU, 2009.

(2) CRUZ, A. P. (Org.). **Curso didático de enfermagem - módulo I.** 1. ed. São Paulo: Yendis, 2005.

(3) MARQUES, E. C. M. **Anatomia e fisiologia humana.** 1. ed. São Paulo: Martinari, 2011.

(4) APPLEGATE, E. **Anatomia e fisiologia.** 4. ed. São Paulo: Elsevier, 2012.

(5) DANGELO, J. G.; FATTINI, C. A. **Anatomia humana básica.** 2. ed. São Paulo: Atheneu, 2002.

(6) FERREIRA, S. **Músculos mastigadores.** Disponível em:<http://www.infoescola.com/sistema--muscular/musculos-mastigadores/>. Acesso em: 19 nov. 2013.

(7) SANTOS, N. C. M. **Urgência e emergência para a enfermagem.** 5. ed. São Paulo: Iátria, 2010.

(8) SANTOS, N. C. M. **Clínica médica para enfermagem.** 1. ed. São Paulo: Iátria, 2004.

(9) MIRANDA, E. **Bases de anatomia e cinesiologia.** 4. ed. Rio de Janeiro: Sprint, 2003.

Sistema Nervoso

Para começar

O objetivo deste capítulo é conhecer e reconhecer o Sistema Nervoso como uma grande central de informações do corpo humano, estabelecendo uma relação entre os sistemas do nosso corpo com o meio em que vivemos.

O Sistema Nervoso é o grande produtor e receptor de estímulos, promovendo a coordenação entre todos os nossos sistemas e uma perfeita adequação no nosso dia a dia.

4.1 Conceitos básicos

O Sistema Nervoso é capaz de perceber milhares de estímulos, transmiti-los a diferentes partes do corpo e efetuar a resposta, agindo sobre o sistema muscular ou sobre as glândulas, realizando movimentos e estimulando secreções [1].

Podemos afirmar que o Sistema Nervoso é responsável pela coordenação e integração das funções das células entre os demais sistemas do nosso corpo.

Dentre as funções do Sistema Nervoso, podemos destacar a regulação e coordenação de múltiplas atividades do organismo[1], detectar alterações do meio interno com o externo pelas propriedades de percepção das células e manter o estado de consciência em alerta.

4.2 Neurônios

Os neurônios são células do Sistema Nervoso responsáveis pela condução do impulso nervoso, podendo ser considerados como prolongamento das células nervosas e a unidade básica da estrutura do cérebro e do sistema nervoso.

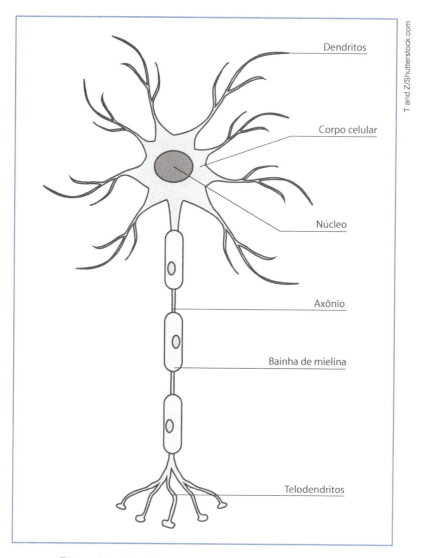

Figura 4.1 - Neurônios – estrutura básica de formação.

São células dotadas de prolongamentos, e estão divididos em partes:

» Corpo celular;
» Núcleo;
» Dendritos – recebem estímulos do meio ambiente ou de outros neurônios;
» Axônio ou fibras nervosas – conduzem estímulos;
» Telodendritos – transmitem estímulos a outras células.

São classificados segundo suas diferentes funções, entre elas:

» Função motora: controlam as células glandulares musculares.

» Função sensorial: recebem estímulos do meio interno e externo.

» Função associativa: estabelece ligações entre diversos neurônios.

Os neurônios recebem estímulos que podem ser entendidos como qualquer alteração física ou química que possa excitar um organismo ou parte dele[1].

Quanto ao tipo, os neurônios se dividem em:

» Receptores ou sensitivos: também chamados de aferentes, reagem a estímulos externos, possuem sensores que captam os estímulos.

» Associativos ou conectores: também chamados de interneurônios, transmitem o sinal desde os neurônios sensitivos ao Sistema Nervoso Central. Também ligam os neurônios motores entre si.

» Motores ou efetuadores: também chamados de eferentes, transmitem o sinal desde o Sistema Nervoso Central ao órgão do movimento.

A transmissão de um impulso nervoso para outro é chamada de sinapse nervosa, que são pontos onde as extremidades dos neurônios se encontram e o estímulo é repassado para o próximo neurônio por meio de mediadores químicos, denominados neurotransmissores.

4.3 Divisão do Sistema Nervoso

O Sistema Nervoso está dividido em Sistema Nervoso Central, Sistema Nervoso Periférico e Sistema Nervoso Autônomo.

Estão subdivididos da seguinte forma:

» Sistema Nervoso Central: encéfalo – cérebro, cerebelo e tronco cerebral, e medula espinhal.

» Sistema Nervoso Periférico: nervos cranianos e nervos raquidianos ou espinhais.

» Sistema Nervoso Autônomo: simpático e parassimpático.

4.3.1 Sistema Nervoso Central

É formado pelas estruturas do encéfalo e pela medula espinhal. São estruturas delicadas e vitais, protegidas por superfícies ósseas e membranas, onde o encéfalo está protegido pelos ossos do crânio e a medula pela coluna vertebral.

As meninges, camada interna membranosa do cérebro, também protegem o sistema nervoso central. Conhecida como dura-máter, reveste a face interna da caixa óssea; a camada mais fina é chamada de pia-máter e entre elas localizamos a aracnoide, separadas pelo líquido cefalorraquidiano (LCR).

Encéfalo

O encéfalo é constituído pelo cérebro – dividido no sentido anteroposterior e subdividido em hemisférios direito e esquerdo, interligados por feixes nervosos; cerebelo – responsável pelo equilíbrio emocional e controla as atividades musculares; e tronco encefálico – une o encéfalo à medula espinhal.

O cérebro tem três funções específicas: sensitiva – olfativa, auditiva, visual, gustativa e tátil; motora – controle dos movimentos; e funções de integração – ligadas a atividades mentais.

O cerebelo está localizado atrás e abaixo do cérebro, formado por hemisférios cerebelosos. Sua principal função é a coordenação dos movimentos voluntários.

O tronco cerebral é a parte inferior do encéfalo, constitui uma passagem das vias nervosas para a medula. O cruzamento dessas vias faz com que o hemisfério esquerdo controle o lado direito do corpo e o hemisfério direito controle o lado esquerdo do corpo.

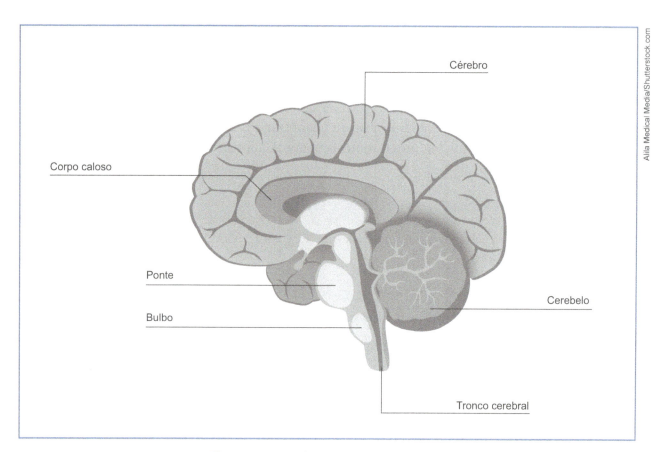

Figura 4.2 - Encéfalo e sua constituição.

Medula espinhal

Está localizada no interior do canal raquidiano e estabelece ligações com os nervos periféricos. É o único meio de comunicação entre o cérebro e o restante do corpo[2].

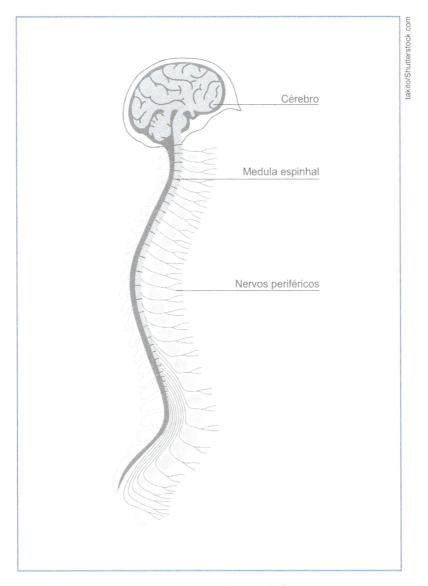

Figura 4.3 - Medula espinhal.

4.3.2 Sistema Nervoso Periférico

O Sistema Nervoso Periférico (SNP) é o sistema de comunicação do corpo formado por nervos que levam e trazem informações da periferia para o Sistema Nervoso Central[1]. Os nervos são estruturas formadas por feixes compactos de axônios, e são distribuídos por todo o corpo. Os que saem do encéfalo são denominados nervos cranianos e os que partem da medula são denominados nervos raquidianos ou espinhais.

» Nervos cranianos: são em número de 12 pares de nervos, saem do encéfalo, e se classificam segundo as suas funções em nervos sensitivos – são condutores de impressão sensitiva ao cérebro; nervos motores – são condutores da ordem do movimento, comandado pelo cérebro à periferia do corpo; nervos mistos – são compostos por fibras sensitivas e motoras.

» **Nervos espinhais ou raquidianos:** são em número de 31 pares de nervos, divididos conforme a região ou segmento da coluna, sendo 8 na região cervical, 5 na região lombar, 12 na região dorsal e 6 na região sacra. Todos saem da medula e são mistos.

> **Lembre-se**
>
> SNC: recebe, analisa e integra informações. Local onde ocorre a tomada de decisões e o envio de ordens.
>
> SNP: carrega informações dos órgãos sensoriais para o Sistema Nervoso Central e deste para os órgãos efetores (músculos e glândulas).

4.3.3 Sistema Nervoso Autônomo

O Sistema Nervoso Autônomo (SNA) está dividido em sistema nervoso simpático e sistema nervoso parassimpático.

Sistema Nervoso Simpático

É responsável pela inervação dos órgãos da nutrição e é formado por três elementos básicos: os gânglios – localizados na região dorsal do tronco, dispostos nos dois lados da coluna vertebral; ramos comunicantes – fazem a ligação dos nervos espinhais aos gânglios; plexos – nervos que ligam os gânglios aos órgãos da nutrição.

Sistema Nervoso Parassimpático

Tem origem nas fibras brancas existentes na cadeia simpática. Algumas têm origem no encéfalo, formando o parassimpático craniano, e outras têm origem na última porção da coluna vertebral, formando a região sacra.

De um modo geral, tanto o Sistema Nervoso Simpático como o Parassimpático possuem funções antagônicas[1].

Fique de olho!

Antagônicas: Funções contrárias – um corrige o excesso do outro.

Observe no Quadro 4.1 algumas funções do Sistema Nervoso Simpático e Parassimpático com relação a alguns órgãos do corpo humano.

Quadro 4.1 - Funções do Simpático e Parassimpático sobre os órgãos

Orgão	Sistema simpático	Sistema parassimpático
Íris	Dilatação da pupila – midríase	Contração da pupila – miose
Glândula lacrimal	Vasoconstrição – pouco efeito sobre a secreção	Secreção abundante
Glândulas salivares	Vasoconstrição – secreção viscosa e pouco abundante	Vasodilatação – secreção fluida abundante

Anatomia e Fisiologia Humana

Orgão	Sistema simpático	Sistema parassimpático
Glândulas sudoríparas	Secreção copiosa	Inervação ausente
Músculos eretores dos pelos	Ereção dos pelos	Inervação ausente
Coração	Aceleração do ritmo cardíaco – taquicardia – dilatação das coronárias	Diminuição do ritmo cardíaco – bradicardia – dilatação das coronárias
Brônquios	Dilatação	Constrição
Tubo digestivo	Diminuição do peristaltismo e fechamento dos esfíncteres	Aumento do peristaltismo e abertura dos esfíncteres
Bexiga	Pouca ou nenhuma ação	Contração da parede
Genital masculino	Vasoconstrição – ejaculação	Vasodilatação – ereção
Glândula suprarrenal	Secreção de adrenalina	Nenhuma ação
Vasos sanguíneos, tronco e extremidades	Vasoconstrição	Nenhuma ação – inervação possivelmente ausente

Fonte: Dangelo & Fattini[4], 2002.

4.4 Sistema sensorial

O sistema sensorial é uma parte do Sistema Nervoso responsável pelo processamento das informações sensoriais do nosso organismo.

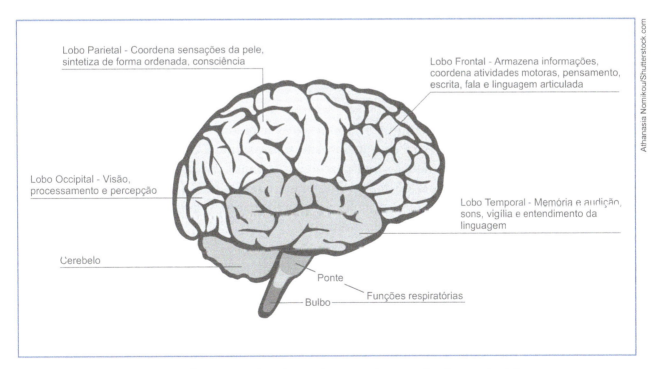

Figura 4.4 - Áreas do cérebro de acordo com as funções e localização dos lobos.

É formado por receptores sensoriais nos neurônios aferentes e nas partes do cérebro envolvidas no processamento de informações. Os sentidos são as respostas a essas informações. Sabemos e conhecemos os cinco sentidos do nosso corpo humano, são eles: a visão, a audição, o tato, o paladar e o olfato.

O sistema sensorial são formas anatômicas especializadas em recolher impressões do meio ambiente externo para o meio interno[1]. Esses órgãos estão divididos em quatro grupos: quimiorreceptores – sensíveis a modificações do ambiente químico, envolvem dois sentidos, o paladar e o olfato; mecanorreceptores – sensíveis a estímulos mecânicos, consideramos os sentidos da audição e tato, mas a percepção da dor e o equilíbrio também se encaixam nesse grupo; fotorreceptores –sensíveis a ondas luminosas; e termorreceptores – sensíveis a temperatura.

4.4.1 Características dos órgãos dos sentidos

» **Paladar:** a percepção do gosto é realizada por meio de estruturas denominadas papilas, que se localizam na língua e estão ligadas aos nervos sensitivos. A essa percepção damos o nome de gustação, como definimos e identificamos as substâncias doces e salgadas, ácidas e amargas.

» **Olfato:** depende dos neurônios que se localizam na mucosa da parte superior da cavidade nasal. Essas terminações nervosas são mais sensíveis que as papilas.

O paladar e o olfato desempenham funções relacionadas à proteção da vida, como a recusa por substâncias de sabor ou odor desagradáveis.

» **Tato:** se apresenta como terminações nervosas livres ou se associam aos pelos, se distribuem por todo o corpo, estando mais concentrados nas mãos (ponta dos dedos e palma das mãos), nos pés e órgãos genitais. Sofrem variações térmicas e de pressão.

» **Audição:** formado pelo pavilhão auditivo externo, pelas glândulas, membrana timpânica e pelos ossículos auditivos. O som é reconhecido pelo encéfalo por sua frequência e intensidade.

» **Visão:** a captação dos estímulos luminosos é feita por células localizadas nos olhos. O olho é formado por: córnea – membrana transparente localizada na parte anterior do olho; humor aquoso – líquido transparente; cristalino – aspecto de uma lente fina; íris – membrana que recobre o cristalino; humor vítreo – líquido que preenche todo o globo ocular; retina – parte do olho responsável pela formação da imagem, possui células especializadas que se conectam ao nervo óptico.

Amplie seus conhecimentos

De acordo com pesquisas recentes, os seres humanos perdem neurônios com o passar dos anos. Este dado explica a existência de algumas doenças, ligadas ao sistema nervoso, que estão relacionadas aos idosos. Entre elas estão a demência senil, o Alzheimer, Parkinson, esclerose múltipla, acidente vascular cerebral e doença de Huntington. Pesquise sobre a relação dessas doenças com o sistema nervoso.

www.todabiologia.com.br

Vamos recapitular?

Este capítulo nos permitiu conhecer a formação do Sistema Nervoso Central pela sua composição primária, os neurônios, bem como os aspectos gerais da organização e divisão do Sistema Nervoso Central em Simpático e Parassimpático e suas ações sobre determinados órgãos do nosso corpo humano.

Conhecemos as diferenças entre um sistema e outro e também a organização do Sistema Sensorial, responsável pelos órgãos dos sentidos.

Para continuarmos os estudos sobre Anatomia e Fisiologia, o próximo capítulo nos proporcionará conhecer sobre o Sistema Tegumentar, mas antes disso vamos às nossas atividades, uma forma de colocarmos em prática o nosso conhecimento.

Agora é com você!

1) Faça uma pesquisa sobre o Sistema Nervos Central e amplie seus estudos.

2) O Sistema Nervoso Periférico (SNP) é o sistema de comunicação do corpo, formado por nervos, que levam e trazem informações da periferia para o Sistema Nervoso Central. Sendo assim, descreva o que você entendeu por nervos cranianos e espinhais.

3) O que se entende por sistema sensorial e como está dividido. Escolha um dos sentidos e discorra sobre ele.

4) O que são neurônios e como se dividem?

5) Como está subdividido o Sistema Nervoso?

6) Quais as características básicas do SNC e SNP?

4.5 Bibliografia

(1) CRUZ, A. P. (Org.). **Curso didático de enfermagem - módulo I.** 1. ed. São Paulo: Yendis, 2005.

(2) MARQUES, E. C. M. **Anatomia e fisiologia humana.** 1. ed. São Paulo: Martinari, 2011.

(3) DANGELO, J. G.; FATTINI, C. A. **Anatomia humana básica.** 2. ed. São Paulo: Atheneu, 2002.

(4) SANTOS, N. C. M. **Clínica médica para enfermagem.** 1. ed. São Paulo: Iátria, 2004.

Sistema Tegumentar

Para começar

Este capítulo tem como objetivo principal reconhecer o Sistema Tegumentar como um sistema de proteção e regulação térmica do corpo humano.

Daremos início aos estudos apresentando os conceitos básicos de pele, dos tecidos, e toda sua constituição, assim com as camadas da pele, as glândulas, suas colorações e seus anexos, e saberemos identificar as principais lesões que afetam o Sistema Tegumentar.

Vamos a mais um estudo de um sistema de vital importância ao corpo humano.

5.1 Conceitos básicos

Dá-se o nome de tegumento ou sistema tegumentar a tudo aquilo que reveste externamente o corpo humano[1].

O Sistema Tegumentar é constituído pela pele e seus órgãos acessórios, identificados aqui como pelos, unhas, glândulas e receptores especializados.

A pele forma um envoltório para as estruturas do corpo humano e substâncias vitais, formando assim o maior órgão do corpo humano[2].

As principais funções da pele são:

» Proteção do corpo: contra o meio ambiente, abrasões, perda de líquido e micro-organismos invasores;
» Regulação do calor: feito pelas glândulas sudoríparas e vasos sanguíneos;
» Sensibilidade: pelos nervos superficiais e suas terminações sensitivas.

5.2 Composição

A pele é composta por camadas, divididas em:

» Epiderme: camada mais superficial constituída por tecido epitelial. É protegida por queratina nos locais mais propensos a ações mecânicas, como a sola dos pés. A melanina é responsável pela coloração da pele e essa camada não possui vascularização.

» Derme: está situada logo abaixo da epiderme, é formada por tecidos conjuntivos e possui vasos sanguíneos que realizam a nutrição entre os tecidos. Essa camada é responsável por manter a pele sob constante tensão elástica e é onde se formam as impressões digitais.

» Hipoderme: também conhecida como tecido subcutâneo, tem em sua constituição tecido conjuntivo, vasos sanguíneos e linfáticos e nervos. Tem a função de armazenar lipídeos, isolar e proteger o corpo e regular a temperatura do organismo.

Observe a Figura 5.1, que identifica, pelo corte transversal da pele, as suas camadas de constituição.

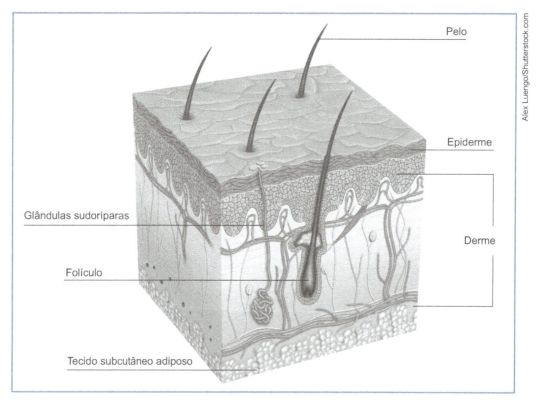

Figura 5.1 - Corte transversal da pele.

5.3 Fisiologia da pele

A pele protege o organismo contra substâncias nocivas líquidas, gasosas e sólidas, contra agentes externos, micro-organismos, parasitas e insetos.

É um órgão provido de grande sensibilidade, pois é pelo tato que percebemos forma, dimensão e temperatura de tudo que tocamos.

Possui função excretora, eliminando suor e secreções sebáceas, mantendo a temperatura do corpo constante.

5.4 Anexos da pele

Os anexos da pele estão divididos em pelos, glândulas sebáceas, glândulas sudoríparas e unhas.

5.4.1 Pelos

Estruturas que possuem uma raiz imersa na hipoderme e uma haste que atravessa toda a derme, a epiderme e sai na pele sob forma de filamento[4]. A parte imersa constitui o folículo piloso, uma bolsa epitelial que aloja o início do pelo. Aparecem na pele de forma oblíqua e simultânea.

Existem dois tipos de pelos:

» Lanugem: se desenvolve inicialmente, são pequenos, delicados, e cobrem todo o corpo;
» Terminal: são pelos longos, grossos, em abundância, que recobrem o couro cabeludo, axilas e região púbica. É mais fácil de ser visualizado.

5.4.2 Glândulas sebáceas

São glândulas piriformes (formato de pera). Quanto à secreção são consideradas holócrinas, ou seja, a célula inteira morre e se destaca participando da sua própria secreção; secretam o que produzem. Quanto à natureza química são consideradas de lipídicas, por possuírem lipídeos em sua composição.

Estão distribuídas por toda a pele, com exceção da palma das mãos e da planta dos pés.

Possuem um duto excretor que se abre no folículo piloso. A secreção das glândulas sebáceas lubrifica a pele evitando seu ressecamento, tem poder bactericida e dificulta a evaporação.

5.4.3 Glândulas sudoríparas

Localizam-se da superfície até a hipoderme. São responsáveis por secretarem suor. Possuem duas porções, uma secretora e outra excretora. São consideradas termorreguladoras.

5.4.4 Unhas

São placas curvas queratinizadas dispostas na superfície dorsal das falanges distais. Têm função protetora. Seu crescimento é contínuo por causa do processo de proliferação e diferenciação das células epiteliais da raiz da unha, que gradualmente se queratiniza formando essa placa.

A coloração da unha é um ponto importante, pois determina a oxigenação do corpo: por exemplo, a cianose provoca uma coloração azulada na base da unha; a anemia determina uma coloração pálida e transparente; deficiência nutricional pode ser detectada em unhas fracas e quebradiças; quando apresentam formatos irregulares podem determinar alguma doença sistêmica; as unhas com bases rosadas e avermelhadas indicam presença circulatória normal, a ausência deste tom indica insuficiência circulatória.

5.5 Principais lesões da pele

O aparecimento de vários tipos de lesões altera o aspecto da pele, podendo ser vistas a olho nu ou com a ajuda de uma lupa.

As lesões são distintas, podendo ser causadas por vários fatores externos ou internos, podendo afetar uma ou várias camadas da pele.

Podem variar de acordo com tamanho, extensão e forma.

Veja no Quadro 5.1 os diferentes tipos de lesões que pode ocorrer na pele.

Quadro 5.1 - Tipos de lesão de pele mais comuns e suas características

Tipos	Característica para identificação	Exemplo	Tamanho
Mácula	Plana Não palpável Sofre alteração na coloração da pele	Sardas Petéquias	< 1 cm
Pápula	Elevação sólida Palpável	Nervo elevado	< 0,5 cm
Nódulo	Massa elevada, sólida, profunda	Verruga	0,2 a 0,5 cm
Tumor	Massa sólida Podendo atravessar o tecido subcutâneo	Epitelioma	1,0 a 2,0 cm

Tipos	Característica para identificação	Exemplo	Tamanho
Placa	Área elevada de edema Localizada Irregular Variável no tamanho	Picada de inseto Urticária	Variável
Vesícula	Elevação da pele Com presença de líquido seroso	Herpes simples Varicela	< 0,5 cm
Pústulas	Elevação da pele Com presença de pus	Acne Infeção por estafilococos	Variável
Úlcera	Perda da superfície da pele Pode se estender até a derme Ocorre sangramento Presença de escoriações	Úlcera de estase venenosa	Variável
Atrofia	Afinamento da pele Perda das estrias normais Passa a ter aspecto brilhante e trans-lúcido	Insuficiência arterial	Variável

Amplie seus conhecimentos

Sabemos que sob a pele há uma camada de tecido conjuntivo frouxo, o tecido subcutâneo, muito rico em fibras e em células que armazenam gordura - células adiposas ou adipócitos. A camada subcutânea, denominada hipoderme, atua como reserva energética, como proteção contra choques mecânicos e isolante térmico. Pesquise sobre essa relação.

www.todabiologia.com.br

Sistema Tegumentar

Vamos recapitular?

Neste capítulo foi possível conhecer a constituição do tecido tegumentar do corpo humano, bem como as características e composição da pele, assim como aprendemos a identificar os diferentes tipos de lesões que podem ocorrer no tecido tegumentar.

No próximo capítulo vamos estudar o Sistema Circulatório, mas antes de entrarmos nesse novo capítulo, vamos às atividades.

Agora é com você!

1) Com a ajuda de seu professor, identifique a coloração de suas unhas e explique.

2) Faça uma pesquisa sobre o tecido tegumentar e aponte as principais lesões que possam ocorrer e as causas aparentes para essas lesões.

3) Quais são as principais funções da pele?

4) O que são glândulas sebáceas?

5) Defina derme, epiderme e hipoderme.

6) Quanto à fisiologia da pele, afirmamos que é um órgão provido de grande sensibilidade. Faça uma pesquisa sobre essa afirmação.

5.6 Bibliografia

(1) www.infoescola.com/histologia/tegumento - acesso em Novembro/2013.

(2) www.auladeanatomia.com/tegumentar/tegumentar.htm - acesso em Novembro/2013.

(3) SANTOS, N. C. M. **Clínica médica para enfermagem**; 1. ed. São Paulo: Iátria, 2004.

(4) CRUZ, A. P. organizadora. **Curso didático de enfermagem** - módulo I; 1. ed. São Caetano do Sul, SP: Yendis, 2005.

(5) DANGELO e FATTINI. **Anatomia humana básica.** 2. ed. São Paulo: Atheneu, 2002.

(6) PERRY, A. G.; POTTER, P. A. **Grande tratado de enfermagem:** Clínica e Prática Hospitalar. 3. ed. São Paulo: Santos, 2011.

Sistema Circulatório

6

Para começar

Daremos início a mais uma etapa dos nossos estudos. Este capítulo nos permitirá entender o Sistema Circulatório, ou Sistema Cardiovascular, como também é conhecido, de forma clara e objetiva.

Estudaremos desde os conceitos básicos do Sistema Circulatório, suas funções, divisão e seus componentes, como funciona a circulação do nosso organismo, os vasos sanguíneos, as artérias e reconheceremos o coração como um grande órgão responsável por todo o funcionamento do sistema.

O objetivo deste capítulo é reconhecer e conceituar o Sistema Circulatório, do ponto de vista morfológico e funcional e também compreender como funciona a pequena e grande circulação.

6.1 Conceitos básicos

O Sistema Circulatório é o sistema responsável pelo transporte de substâncias como nutrientes (aminoácidos, eletrólitos e linfa), de gases, hormônios, hemácias, para todas as células[1][2] do nosso organismo, com o propósito de defesa dos diversos sistemas que o compõem.

Entre as diversas funções do sistema circulatório, que veremos no decorrer do capítulo, podemos destacar: defesa, regulação da temperatura, estabilização do pH e homeostase[1][2]. Lembra que estudamos homeostase lá no Capítulo 1? O Sistema Circulatório proporciona a comunicação entre os diversos tecidos e sistemas do nosso organismo.

O Sistema Circulatório é considerado um sistema fechado[1] formado por vasos sanguíneos (artérias, veias e capilares) e pelo coração, órgão central que funciona como uma bomba propulsora de sangue[1]. Esse Sistema pode ser considerado como uma rede de distribuição de sangue, composto pelos Sistemas Cardiovascular (coração e vasos sanguíneos) e Linfático (linfonodos e vasos linfáticos). Esses dois sistemas dão origem ao Sistema Circulatório.

6.2 Divisão do Sistema Circulatório

O Sistema Circulatório é dividido em: sistema sanguíneo, sistema linfático e órgãos hematopoiéticos. Veja a subdivisão a seguir. Veremos com mais detalhes a subdivisão na sequência deste capítulo.

6.2.1 Sistema Sanguíneo

» Vasos: são tubos "fechados" que transportam sangue para todos os órgãos e retornam para o coração. Dividem-se em:

a) Artérias: são vasos sanguíneos que partem do coração e se ramificam progressivamente em vasos de calibre menor, dando origem às arteríolas.

b) Arteríolas

c) Veias: na junção de vários capilares, formam-se as vênulas, dando origem às veias, que levam o sangue para o coração.

d) Vênulas

e) Capilares: são as ramificações mais finas das arteríolas. É nos capilares que ocorrem as trocas gasosas e nutritivas entre o sangue e os tecidos.

» Coração: órgão muscular que funciona como uma bomba que possui contrações e faz o sangue circular. Estudaremos neste mesmo capítulo, mais à frente, os detalhes do coração.

6.2.2 Sistema Linfático

» Vasos condutores de linfa: drenam a linfa dos espaços intercelulares para a corrente venosa através dos vasos linfáticos. São compostos por:

a) Capilares linfáticos

b) Vasos linfáticos

c) Troncos linfáticos

» Órgãos linfoides: localizados entre os vasos sanguíneos, dão origem às células brancas. Podem ser encontrados também entre os vasos linfáticos, nos quais filtram a linfa e combatem anticorpos. São eles:

a) Linfonodos

b) Tonsilas

6.2.3 Órgãos hematopoiéticos

São órgãos que produzem os elementos do sangue – leucócitos, hemácias e plaquetas. São eles:

» Medula óssea

» Baço

» Timo

6.3 Coração

O coração é um órgão muscular oco, que funciona como uma bomba contrátil[1][2]. É formado pelo tecido muscular estriado cardíaco (lembra-se que já estudamos essa estrutura muscular no capítulo sobre músculos?), composto por três camadas: o endocárdio – camada interna; o miocárdio – camada média; e o epicárdio ou pericárdio – camada externa. Está dividido em quatro câmaras: átrio direito (AD), ventrículo direito (VD), átrio esquerdo (AE) e ventrículo esquerdo (VE). Entre os átrios e ventrículos existem orifícios com dispositivos orientadores da corrente sanguínea[1], denominados valvas cardíacas. As valvas estão divididas em tricúspide ou atrioventricular direita, bicúspide ou atrioventricular esquerda ou mitral, valva pulmonar e valva aórtica.

6.3.1 Forma

Tem a forma aproximada de um "cone truncado", apresentando uma base (área ocupada pelas raízes dos grandes vasos da base do coração), um ápice, e faces – esternocostal, diafragmática e pulmonar.

Fique de olho!

Você sabia que o coração tem o tamanho da nossa própria mão fechada?

6.3.2 Situação

Encontra-se na cavidade torácica, atrás do osso esterno, acima do músculo diafragma, que, por sinal, podemos dizer que é onde o coração repousa, no espaço entre dois sacos pleurais – o mediastino. Sua maior porção esta localizada à esquerda do plano mediano do nosso corpo. Apresenta-se obliquamente à base medial e ao ápice lateral.

6.3.3 Morfologia interna

A morfologia interna do coração esta relacionada às câmaras cardíacas que tem sua origem na cavidade cardíaca, denominadas septos. Os septos se dividem em quatro câmaras:

» Átrio direito (AD): a ele chega a veia cava superior, veia cava inferior e a veia coronária, transportando sangue venoso de todo o organismo, inclusive do músculo cardíaco.

» Ventrículo direito (VD): formado por uma musculatura mais espessa que o átrio, dele sai a artéria pulmonar, que se divide em artéria pulmonar direita e esquerda, cada qual indo para um pulmão respectivamente, transportando sangue venoso para os pulmões.

Sistema Circulatório

- » **Átrio esquerdo (AE):** é constituído por uma parede mais resistente que a do átrio direito. Em sua cavidade desembocam duas veias pulmonares direitas e duas veias pulmonares esquerdas, que recebem sangue arterial vindo dos pulmões.

- » **Ventrículo esquerdo (VE):** é a cavidade mais espessa de musculatura cardíaca, recebe sangue do átrio esquerdo, de onde sai a artéria aorta.

- » **Valva tricúspide ou atrioventricular direita:** está localizada entre o átrio direito e o ventrículo direito. Abrem-se permitindo a passagem do sangue do átrio para o ventrículo e se fecham impedindo o refluxo do sangue do ventrículo para o átrio.

- » **Valva bicúspide ou atrioventricular esquerda ou mitral:** está localizada entre o átrio esquerdo e o ventrículo esquerdo, tem a mesma função da valva tricúspide, porém do lado esquerdo do coração.

- » **Valva pulmonar:** está localizada entre o ventrículo direito e a artéria pulmonar. Quando se abre permite a saída do sangue dos ventrículos para as artérias, e quando se fecha impede o refluxo do sangue para dentro do ventrículo.

- » **Valva aórtica:** está localizada entre o ventrículo esquerdo e a artéria aorta e tem a mesma função da valva pulmonar.

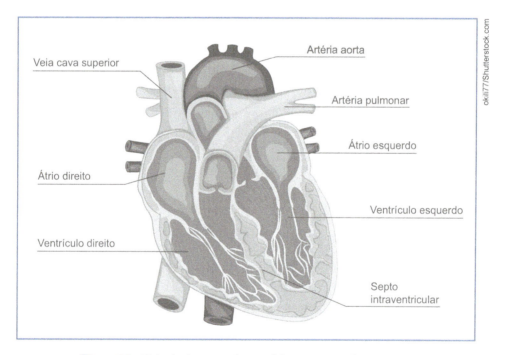

Figura 6.1 - Principais partes da morfologia interna do coração.

6.3.4 Vasos de base

Já vimos que os vasos são tubos fechados que transportam sangue para todo o corpo. A parede deles é formada por três camadas. A primeira é a íntima – camada interna; depois a média – camada que fica entre uma e outra e a adventícia – camada externa.

Com relação ao tipo, estão classificados em artérias ou veias.

» Artérias: participam ativamente da circulação sanguínea transportando sangue para todo o corpo; possuem parede com flexibilidade elástica. A aorta sai do ventrículo esquerdo e suas ramificações originarão, direta ou indiretamente, todas as artérias da circulação sistêmica[1]. As principais artérias do corpo humano são: coronárias – irrigam o músculo cardíaco; carótida – irrigam o pescoço e a cabeça; subclávias – irrigam os membros superiores; aorta torácica – irriga a cavidade torácica; aorta abdominal – irriga a cavidade abdominal; femoral – irriga a região da genitália, região inguinal e coxas.

» Veias: são vasos cujos calibres aumentam gradativamente[2] na direção do coração. Apresentam no seu interior válvulas para evitar o refluxo sanguíneo. Agrupam-se em veias superficiais e veias profundas, dependendo de sua localização. As principais veias são: cava superior – recebe sangue venoso dos membros superiores, da cabeça e do pescoço e da parede dos órgãos do tórax; cava inferior – recebe sangue dos membros inferiores, da região pélvica e região abdominal; porta – recebe sangue do estômago, do esôfago, da vesícula biliar, do pâncreas, do baço, e do intestino; cardíacas – levam sangue venoso da musculatura cardíaca para o átrio direito.

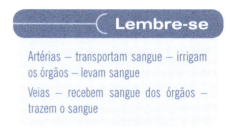

Lembre-se

Artérias – transportam sangue – irrigam os órgãos – levam sangue

Veias – recebem sangue dos órgãos – trazem o sangue

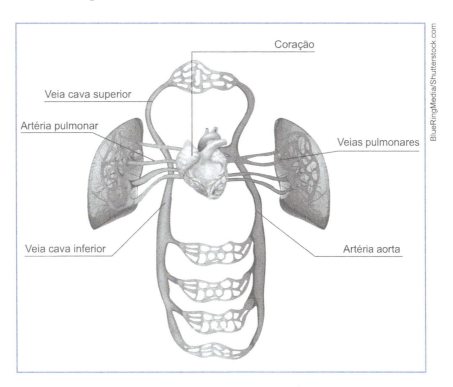

Figura 6.2 - Principais veias e artérias.

6.4 Circulação do coração

A circulação é a passagem do sangue através do coração e dos vasos permitida por duas correntes sanguíneas, que partem ao mesmo tempo do coração[2].

Sistema Circulatório

77

6.4.1 Sistema de condução

Podemos também chamar de automatismo do coração, pois o coração trabalha de maneira automática, sob o controle do sistema nervoso central[1]. Os nervos agem sobre uma formação situada na parede do átrio direito, chamada nó ou nodo sinoatrial (NSA), considerado o marcapasso do coração. O impulso se espalha desse ponto para o miocárdio, resultando em contração. Esse mesmo impulso chega ao nó atrioventricular e propaga-se pelos ventrículos pelo feixe atrioventricular. Este, no nível da porção superior do septo interventricular emite o impulso aos ramos direito e esquerdo, chegando ao miocárdio.

6.4.2 Tipos de circulação

O Sistema Circulatório compreende dois tipos de circulação, conhecidas como circulação pulmonar, ou pequena circulação, e circulação sistêmica, ou grande circulação. Existem também outros dois tipos de circulação, a circulação colateral e circulação portal. Veja as características de cada uma das circulações a seguir.

» Circulação pulmonar ou pequena circulação: tem início no ventrículo direito, de onde o sangue é bombeado para a rede capilar dos pulmões. Depois de sofrer hematose (troca de gás carbônico por oxigênio) o sangue é oxigenado e retorna ao átrio esquerdo. Em resumo, é a circulação coração-pulmão-coração. Explicando a circulação: o sangue venoso sai do ventrículo direito pela artéria pulmonar, que se ramifica em direita e esquerda, cada uma indo para os respectivos pulmões. Os capilares arteriais, que contêm sangue venoso, envolvem os alvéolos pulmonares, onde ocorre a hematose. A união de vários capilares venosos com sangue arterial forma as quatro veias pulmonares, duas de cada lado de cada pulmão, desembocando no átrio esquerdo.

» Circulação sistêmica ou grande circulação: tem início no ventrículo esquerdo, onde o sangue é bombeado para a rede capilar dos tecidos de todo o organismo. Após as trocas, o sangue retorna pelas veias ao átrio direito. Em resumo, é a circulação coração-tecidos-coração. Explicando a circulação: é a circulação que leva o sangue arterial do ventrículo esquerdo para a aorta e da aorta para todo o organismo, abastecendo todas as células com oxigênio e nutrientes. Depois de receber o gás carbônico e as excreções das células, retorna ao átrio direito como sangue venoso pelas veias cavas superior e inferior.

» Circulação colateral: normalmente existem anastomoses entre ramos de artérias ou de veias, ou seja, comunicação entre ambas, dependendo da região do corpo em maior ou menor número. Geralmente não há muita passagem de sangue por essas comunicações, mas se houver uma obstrução parcial ou total em algum vaso calibroso das circulações pulmonar ou sistêmica, o sangue passa a circular ativamente por essas variantes, estabelecendo então a circulação colateral. Resumindo, a circulação colateral é um mecanismo de defesa do organismo para irrigar ou drenar determinado órgão onde ocorreu a obstrução de artérias ou veias de relativo calibre.

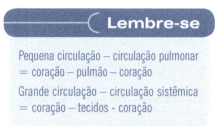

Lembre-se

Pequena circulação – circulação pulmonar
= coração – pulmão – coração

Grande circulação – circulação sistêmica
= coração – tecidos – coração

» **Circulação portal:** ocorre quando uma veia se interpõe entre duas redes de capilares, sem passar por um determinado órgão. Ocorre na circulação portal-hepática, que possui uma rede de capilares no intestino, em que há absorção de alimentos, e outra na rede de capilares no fígado, ficando a veia porta interposta entre essas duas redes.

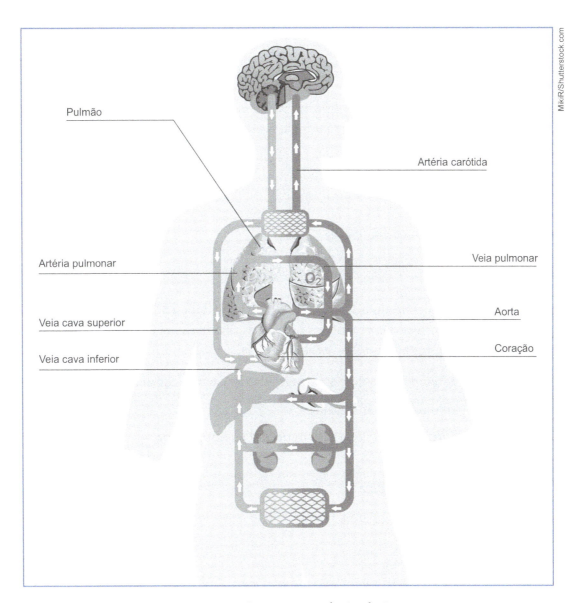

Figura 6.3 - Pequena e grande circulação.

6.5 Sistema Linfático

É um sistema formado por vasos e órgãos linfoides; nele circula linfa. É considerado um anexo do sistema venoso, pois drena linfa dos espaços intercelulares para a corrente venosa por meio de seus vasos linfáticos.

Tem como função:

» Ser uma via acessória para o líquido intersticial fluir para o sangue;

» Transportar substâncias dos espaços intercelulares que não podem ser removidas pelos capilares sanguíneos, como as proteínas e partículas grandes;

» Ser uma barreira à disseminação de bactérias, vírus e células cancerígenas.

É composto por:

» Linfa: líquido semelhante ao plasma, desprovido de plaquetas, apresenta raras hemácias, rico em leucócitos e linfócitos.

» Linfonodos: denominados gânglios linfáticos, possuem estruturas dilatadas por causa da junção dos vasos linfáticos, apresentam aspecto de "caroços"[1] e servem de barreira contra os processos infecciosos.

6.6 Órgãos hematopoiéticos

São constituídos pelos seguintes órgãos:

6.6.1 Baço

É um órgão linfoide, localizado do lado esquerdo da cavidade abdominal, junto ao diafragma, ao nível das 9ª, 10ª e 11ª costelas. Apresentam duas faces distintas, a face diafragmática voltada ao diafragma, e a face visceral, voltada as vísceras abdominais.

O baço é considerado um anexo do sistema circulatório, e tem como função:

» Destruir os glóbulos vermelhos velhos.

» Armazenar o ferro liberado pela distribuição da hemoglobina.

» Armazenar eritrócitos.

» Sintetizar substâncias de defesa.

» Incorporar e destruir bactérias e resíduos de células.

6.6.2 Timo

É também considerado um órgão linfoide, formado por massa irregular. Está localizado parte no tórax e parte na porção inferior do pescoço.

O timo cresce após o nascimento e atinge seu maior tamanho na puberdade, regredindo depois dessa fase e sendo posteriormente substituído por tecido adiposo e fibroso.

6.6.3 Medula óssea

É um tecido conjuntivo rico em fibras, capaz de originar diversos tipos de células do sangue, tais como glóbulos vermelhos, glóbulos brancos e plaquetas. Essas células são renovadas continuamente pela medula óssea.

Está localizada na cavidade interna dos ossos longos.

A medula óssea se mantém em atividade intensa e ininterrupta, originando uma quantidade grande de novas células a cada segundo.

> **Amplie seus conhecimentos**
>
> Nosso corpo tem cerca de 5,6 litros de sangue circulando três vezes a cada minuto pelo corpo. A essa quantidade de sangue circulante chamamos de volemia. Pesquise mais sobre o assunto.
>
> www.todabiologia.com.br

Vamos recapitular?

Neste capítulo aprendemos a importância do coração para o nosso organismo, sua morfologia interna, conhecendo suas câmaras e suas divisões, assim como a pequena e a grande circulação, responsáveis por todo o Sistema Circulatório.

Conhecemos as veias, as artérias, o sistema linfático e o sistema hematopoiético e a importância da medula óssea.

Vimos também a importância dos capítulos anteriores na relação de continuidade dos nossos estudos, como a homeostase e o músculo cardíaco.

Dando continuidade aos nossos estudos, o próximo capítulo traz o Sistema Respiratório, mas antes vamos praticar nossos estudos respondendo às atividades.

Agora é com você!

1) Na sua opinião, por que o coração é considerado uma "bomba"? Pesquise sobre o assunto e troque informação com seus colegas de sala.

2) A medula óssea é considerada uma grande fonte de "fabricação de células". Você concorda com essa afirmação? Pesquise sobre a medula óssea e apresente um seminário entre seus colegas de sala.

3) Pesquise sobre a grande e pequena circulação e promova um debate em sala, explicando o que você entendeu. Peça ajuda ao seu professor.

4) Como está dividido o Sistema Circulatório?

5) Como se divide a morfologia interna do coração?

6) Quais as principais artérias do coração?

Sistema Circulatório

6.7 Bibliografia

(1) CRUZ, A. P. (Org.). **Curso didático de enfermagem - módulo I.** 1. ed. São Paulo: Yendis, 2005.

(2) DANGELO, J. G.; FATTINI, C. A. **Anatomia humana básica**. 2. ed. São Paulo: Atheneu, 2002.

(3) MARQUES, E. C. M. **Anatomia e fisiologia humana.** 1. ed. São Paulo: Martinari, 2011.

(4) KAWAMOTO, E. E. **Anatomia e fisiologia humana.** 3.ed. São Paulo: EPU, 2009.

7

Sistema Respiratório

Para começar

Estudaremos neste capítulo a anatomia e a fisiologia do Sistema Respiratório, conhecendo seus conceitos e suas divisões, assim como os principais órgãos que participam desse sistema.

O objetivo deste novo capítulo é que, ao final dos nossos estudos, você seja capaz de conceituar o Sistema Respiratório do ponto de vista anatômico e funcional.

7.1 Conceitos básicos

O aparelho respiratório ou Sistema Respiratório é responsável por processar a respiração, permitindo a entrada e saída do ar no nosso organismo, promovendo assim a hematose – troca gasosa que ocorre na captação de oxigênio e eliminação de gás carbônico, responsável também por filtrar e umedecer o ar[2]. A respiração é uma característica básica dos seres vivos[1]. O principal órgão do Sistema Respiratório é o pulmão.

7.2 Divisão do Sistema Respiratório

Ele está dividido em duas partes: uma porção condutora e outra respiratória. Veja as características de cada porção.

» **Parte ou porção condutora:** pertence os órgãos tubulares, com função de levar ar inspirado até a outra porção, a respiratória, representada pelos pulmões, onde expiram o ar eliminando o gás carbônico. O ar expirado é conduzido pelos brônquios e traqueia, esses órgãos funcionam como tubos que transportam ar. Além de transportar o ar, essa porção é responsável por filtrar, purificar, aquecer e torná-lo úmido. É constituído pelo nariz, laringe, traqueia e brônquios.

» **Parte ou porção respiratória:** é a parte responsável pela troca de dióxido de carbono presente no sangue por oxigênio. É constituída pelos bronquíolos – porção terminal da árvore brônquica-, dutos alveolares e alvéolos.

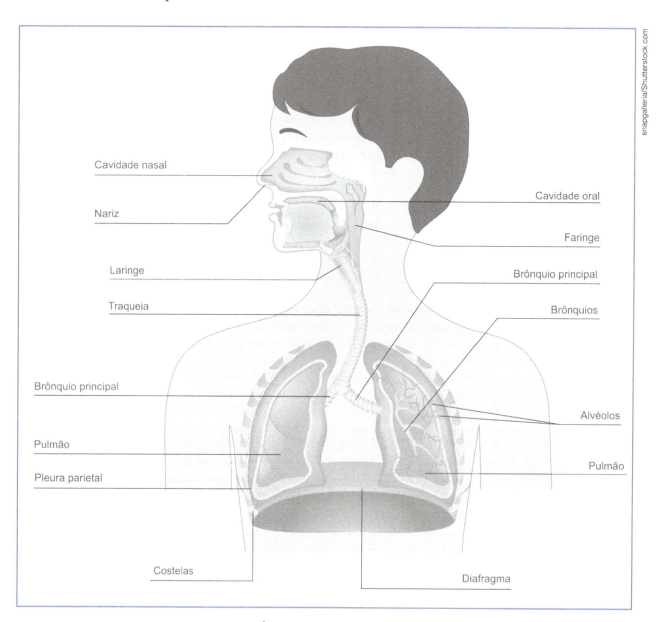

Figura 7.1 - Órgãos que participam da respiração.

7.3 Anatomia do Sistema Respiratório

Para melhor entendermos esse sistema, suas funções e características, vamos estudar parte de cada órgão que compõe esse sistema, até chegarmos aos pulmões, o órgão principal.

O Sistema Respiratório é constituído por: fossas nasais, faringe, laringe, traqueia, brônquios e pulmões. Consideramos também os músculos ventilatórios – o diafragma, músculo que separa a cavidade torácica da abdominal, e o centro de controle da respiração no encéfalo, Sistema Nervoso Central.

7.3.1 Fossas nasais

São duas cavidades separadas por um septo. Os orifícios anteriores são denominados narinas e os posteriores, cóanas. As cóanas ligam as fossas nasais à faringe.

O ar é aquecido e umedecido pela mucosa de revestimento das fossas nasais, que é ricamente vascularizada, e filtrado por meio dos pelos existentes nessa área.

7.3.2 Faringe

Está localizada na continuação da boca com as fossas nasais. Possui duas aberturas na extremidade inferior: a parte anterior liga a faringe à laringe, sendo conduzida aos pulmões, e a parte posterior se comunica com o esôfago.

É na faringe que encontramos a epiglote, válvula que permite durante a deglutição evitar que os alimentos entrem na traqueia. Esta também é considerada um órgão do Sistema Respiratório, pois tem a função de levar o ar para a laringe, além de filtrar, aquecer e umidificar esse ar.

7.3.3 Laringe

Constitui uma estrutura sustentada por cartilagens, entre elas a cartilagem tireoide, também conhecida como "pomo de adão", e a epiglote, que se abaixa no momento da deglutição fechando a laringe e se levanta durante a respiração.

É na laringe que se situam as pregas vocais.

7.3.4 Traqueia

É uma estrutura formada por semianéis de cartilagem, possui glândulas secretoras de muco e células epiteliais ciliadas. Conduz ar para os pulmões pela bifurcação em dois brônquios principais que levam ar aos pulmões direito e esquerdo.

A traqueia tem seu início ao nível da 4ª vértebra cervical, ocupando uma posição central à frente do esôfago, e tem seu término entre a 4ª e a 5ª vértebra dorsal ou torácica.

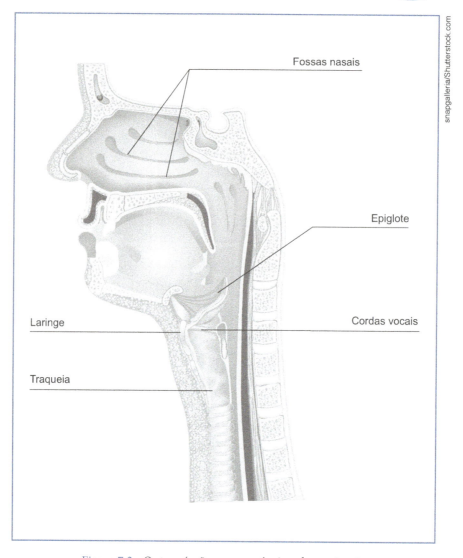

Figura 7.2 - Outros órgãos responsáveis pela respiração.

7.3.5 Brônquios – bronquíolos e alvéolos

Os brônquios resultam da bifurcação da traqueia, são dois, direito e esquerdo, e dirigem-se respectivamente aos pulmões.

Os brônquios penetram nos pulmões, e em seu interior-se propagam-se em ramos cada vez mais finos, denominados bronquíolos, e no final dos bronquíolos encontramos os alvéolos envolvidos por vasos finíssimos, onde ocorre a hematose.

Lembre-se

Hematose - é a troca de gases que ocorre devido à diferença de concentração de oxigênio e gás carbônico.

7.3.6 Pulmões

São dois órgãos volumosos e esponjosos que contêm ar em sua cavidade. Encontram-se na cavidade torácica e estão dispostos bilateralmente ao coração.

Possuem um ápice (parte superior) e uma base (parte inferior), que se apoiam no músculo diafragma. Estão separados um do outro por um espaço denominado mediastino, onde se localizam o coração e os grandes vasos.

O pulmão direito é dividido em três lobos e o esquerdo em dois. São revestidos por duas membranas, denominadas de pleura – a que envolve os pulmões é chamada de pleura visceral e a que envolve a cavidade torácica é chamada de pleura parietal. Entre as duas pleuras existem um espaço virtual denominado espaço pleural, que possui uma pequena quantidade de líquido, facilitando a expansão suave dos pulmões ao se encherem de ar na inspiração.

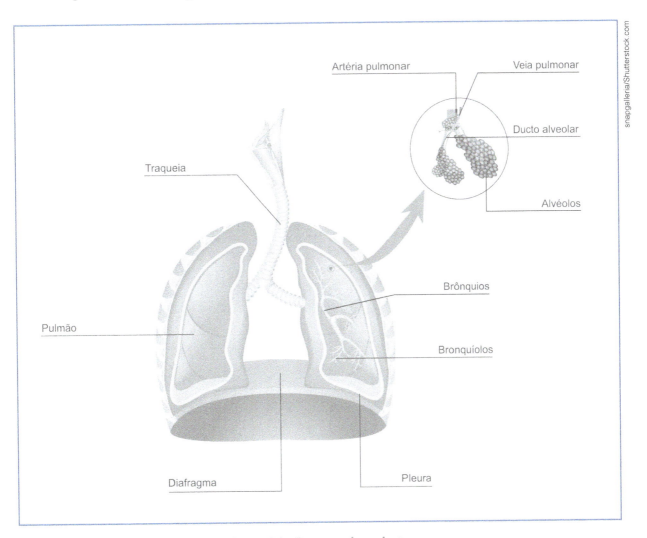

Figura 7.3 - Estrutura dos pulmões.

7.4 Fisiologia da respiração

Chamamos de respiração a retirada de oxigênio do ar atmosférico, seu transporte à célula, somada ao processo inverso – retirada de dióxido de carbono dessa mesma célula e seu transporte para a atmosfera[2].

A respiração está dividida em três partes:

- » Ventilação pulmonar: o ar que chega aos pulmões já foi filtrado, as partículas menores ficam presas no muco, a rede vascular aquece esse ar, e as glândulas serosas umedecem o ar.
- » Trocas gasosas: transferência de oxigênio e gás carbônico pela membrana alveolar.
- » Transporte de gases: o gás difunde-se do sangue para as células e das células para o sangue.

Na inspiração ocorre a expansão do tórax com diminuição da pressão dentro cavidade torácica, onde o ar penetra nos pulmões.

Na expiração, a cavidade torácica diminui de volume, a pressão interior aumenta e o ar vai para o exterior.

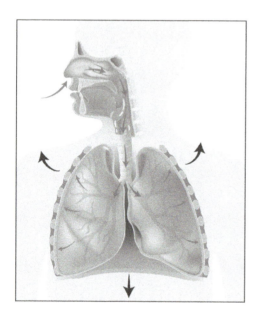 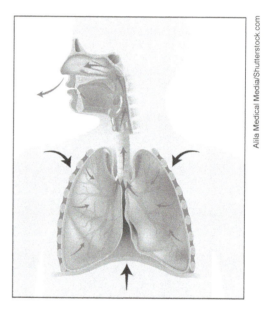

Inspiração Expiração

Figura 7.4 - Fisiologia da respiração – inspiração e expiração.

Vamos recapitular?

Aprendemos neste capítulo todo o processo que envolve o Sistema Respiratório, seus principais órgãos e conceitos básicos, sua anatomia e fisiologia.

Partindo desses estudos, somos capazes de identificar o funcionamento da inspiração e expiração em nosso organismo, bem como a importância do Sistema Respiratório no complemento do ciclo vital ao ser humano.

Nosso próximo passo é estudar o Sistema Digestório, sua constituição e suas funções.

Mas, como já é de conhecimento de todos, as atividades de reforço ao aprendizado encontram-se a seguir. Reforce seus estudos e responda.

Agora é com você!

1) Identifique no esqueleto que há em sua sala de aula a localização/região dos órgãos da respiração.

2) Faça uma pesquisa sobre hematose e amplie seus estudos.

3) Faça uma pesquisa sobre a traqueia e relate aos colegas de sala a importância dela no Sistema Respiratório.

4) Sobre a fisiologia da respiração, estude um pouco mais sobre o assunto e apresente um trabalho, sinalizando como estão divididos os pulmões e o que acontece com a pressão neles.

5) Como se divide o Sistema Respiratório?

6) Explique a fisiologia da respiração.

7.5 Bibliografia

(1) DANGELO, J. G.; FATTINI, C. A. **Anatomia humana básica.** 2. ed. São Paulo: Atheneu, 2002.

(2) CRUZ, A.P. (Org.). **Curso didático de enfermagem - módulo I.** 1. ed. São Paulo: Yendis, 2005.

(3) MARQUES, E.C.M. **Anatomia e fisiologia humana.** 1. ed. São Paulo: Martinari, 2011.

(4) APPLEGATE, E. **Anatomia e fisiologia.** 4. ed. São Paulo: Elsevier, 2012.

8

Sistema Digestório

Para começar

Veremos neste capítulo o Sistema Digestório, ou sistema digestivo, como conhecido por muitos.

Vamos estudar e conhecer os órgãos do Sistema Digestório que participam do processo da digestão, suas ações e suas principais características. Daremos início pelos conceitos básicos e em seguida pelo reconhecimento desses órgãos e seus anexos.

Nosso objetivo neste capítulo é conceituar e compreender os órgãos que participam do sistema digestório, suas ações e suas interferências no nosso organismo.

8.1 Conceitos básicos

O Sistema Digestório é um conjunto de órgãos responsáveis pela degradação dos alimentos, absorção de nutrientes e excreção de fezes[1].

Esses órgãos são especialmente adaptados para que desenvolvam suas funções vitais de forma dinâmica. Os alimentos, ao serem ingeridos, são modificados na composição química e no estado físico, para que possam ser absorvidos e utilizados pelas células, a esse processo chamamos de digestão. A excreção desses alimentos ocorre pelo intestino grosso, que tem como função a eliminação de resíduos resultantes do processo digestório.

É formado por um tubo musculoso, longo, onde se associam órgãos e glândulas que participam da digestão. Veremos na sequência do capítulo esses outros órgãos que participam do processo digestório.

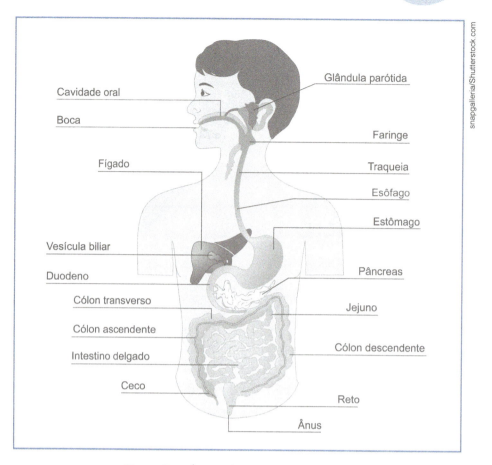

Figura 8.1 - Órgãos do Sistema Digestório.

8.2 Divisão do Sistema Digestório

O alimento percorre um trajeto ao longo do tubo digestivo, desde sua ingestão até sua eliminação. O Sistema Digestório é dividido em um canal alimentar e órgãos anexos. No canal alimentar participam os órgãos da cabeça, pescoço, tórax, abdome e pelve. Já os órgãos anexos que participam da digestão são glândulas salivares, fígado e pâncreas. O canal alimentar tem início na cavidade bucal, passando por faringe, esôfago, estômago, intestinos delgado e grosso, terminando no reto, com abertura no ânus.

8.3 Cavidade bucal – boca

É na boca que o alimento sofre a primeira transformação com a ação de estruturas como a língua, dentes e glândulas salivares.

Veremos na sequência as principais características de cada estrutura.

8.3.1 Palato

Teto da cavidade bucal, dividido em palato mole e palato duro. O palato separa a cavidade nasal da cavidade bucal.

8.3.2 Língua

Órgão muscular revestido por mucosa. Divide-se em duas porções: corpo e raiz. Auxilia no processo de articulação das palavras e no processo da mastigação, mistura e deglutição dos alimentos. Na língua localizam-se as papilas gustativas – responsáveis pela percepção dos sabores.

8.3.3 Dentes

Estruturas rijas, brancas ou esbranquiçadas, que desempenham a função de cortar, rasgar, moer e triturar o alimento, facilitando a lise realizada pelo estômago. Temos um total de 32 dentes (8 incisivos, 4 caninos, 8 pré-molares e 12 molares).

8.3.4 Glândulas salivares

São formadas por três pares: parótidas, submandibulares e sublinguais. Têm a função de produzir saliva para umedecer e transformar o alimento em uma "pasta", facilitando o processo de deglutição. Possui uma enzima, ptialina ou amilase salivar, responsável pela degradação dos carboidratos.

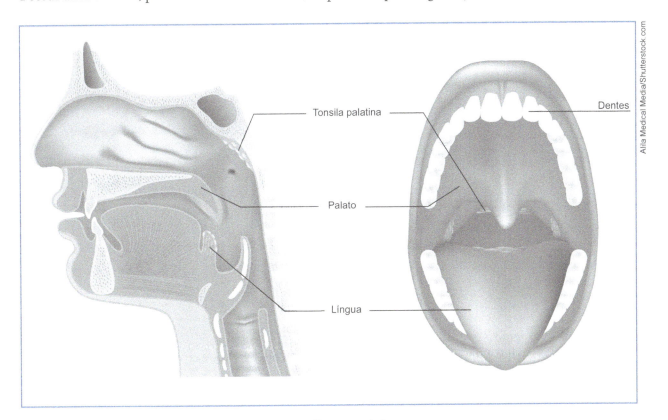

Figura 8.2 - Estrutura da boca.

8.4 Faringe

Funciona como um canal para a deglutição e a respiração. É constituída por musculatura estriada. É na faringe que se localiza a epiglote, uma cartilagem que fecha a laringe para a passagem do alimento, impedindo que ele vá para a traqueia.

8.5 Esôfago

O esôfago é um órgão oco, constituído por tecido muscular liso. O alimento chega ao esôfago após ter passado pela faringe. O esôfago conduz o alimento, ou bolo alimentar, até o estômago por meio de contrações, e a essas contrações damos o nome de peristaltismo.

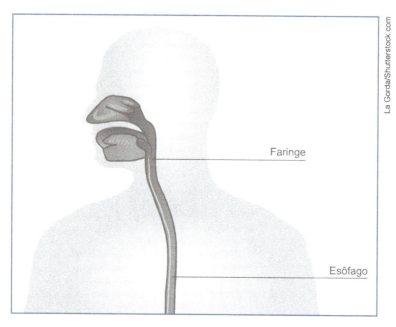

Figura 8.3 - Localização da faringe e do esôfago.

8.6 Órgãos da cavidade abdominal

Os órgãos descritos até aqui estão localizados na porção da cabeça, pescoço e tórax. Os que estudaremos a seguir estão localizados na porção abdominal, ou cavidade abdominal, do nosso organismo.

8.6.1 Diafragma

Músculo que separa o abdome do tórax, com uma de suas porções presas às últimas costelas. Por ele atravessa a artéria aorta, a veia cava inferior e o esôfago. O músculo diafragma tem importante participação na dinâmica respiratória.

8.6.2 Peritônio

Membrana serosa que reveste os órgãos abdominais. Apresenta duas lâminas, denominadas parietal, que reveste as paredes da cavidade abdominal, e visceral, que reveste as vísceras. Entre as lâminas está a cavidade peritoneal com pequena quantidade de líquido.

Os órgãos situados na parede posterior do abdome são chamados de retroperitoneais, tendo como exemplo os rins e o pâncreas.

8.6.3 Estômago

O estômago é uma dilatação do canal alimentar, que tem início no esôfago seguindo até o intestino. Compreende uma bolsa de parede muscular, localizada ao lado esquerdo do abdome, logo abaixo das últimas costelas.

Apresenta dois orifícios denominados válvulas, uma que liga o esôfago ao estômago chamada de cárdia, e outra que liga o estômago ao duodeno, chamada de piloro.

A principal função do estômago é a digestão de proteínas pelo suco gástrico, que possui a enzima pepsina. A mistura do bolo alimentar com o suco gástrico é chamada de quimo.

O estômago está dividido nas seguintes partes:

» Parte cardíaca – cárdia: corresponde à junção com o esôfago.

» Fundo: parte superiormente situada a um plano horizontal (Você se lembra dos nossos estudos lá no início sobre os planos do corpo humano? Lembra-se o que é um plano horizontal? Hora de aplicar!) que tangencia a junção esofagogástrica.

» Corpo: é a maior parte do órgão.

» Parte pilórica: porção terminal continuada pelo duodeno.

8.6.4 Intestino delgado

Localiza-se entre o estômago e o intestino grosso. Mede entre 6 a 8 m de comprimento por 4 cm de diâmetro. Devemos levar em consideração que o tamanho pode variar de indivíduo para indivíduo.

Está dividido em:

» Duodeno: é a porção inicial do intestino ou 1ª porção, localizada próximo ao estômago. Mede 25 cm de comprimento, onde é depositado o suco pancreático (produzido pelo pâncreas), que tem ação na degradação dos alimentos pela ação das enzimas digestivas.

» Jejuno: é a parte central do intestino. Mede aproximadamente 2,5 m, atua junto com o íleo na absorção de alimentos por meio de estruturas chamadas de microvilosidades.

» Íleo: porção final do intestino delgado e mede aproximadamente 3,5 m.

8.6 5 Intestino grosso

Tubo grosso e mais curto que o intestino delgado que mede aproximadamente 1,5 m. Também está dividido em partes: ceco, cólon ascendente, cólon transverso, cólon descendente, sigmoide, reto e ânus.

» Ceco: é a 1ª porção do intestino grosso. Está localizado no lado inferior direito da cavidade abdominal e tem a forma de um "saco". É essa região que recebe os alimentos do intestino delgado e possui o apêndice vermiforme.

- » Cólon: é a porção média do intestino grosso e divide-se em três partes: ascendente, transverso e descendente. Todas as porções têm a função de dissolver os restos alimentares não assimiláveis, reforçar os movimentos intestinais e proteger o organismo contra bactérias.
- » Reto: é a porção final do intestino grosso e a continuidade do sigmoide. A finalização do intestino é denominada ânus.

No intestino grosso acontece a absorção de água e dos alimentos que não foram digeridos ou absorvidos. Acumulam-se sob a forma de fezes e são eliminados pelo ânus por meio de movimentos realizados pelo intestino.

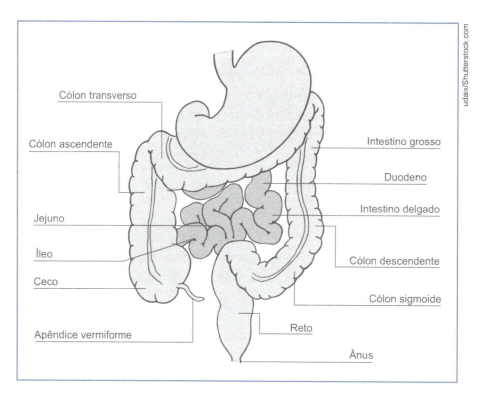

Figura 8.4 - Intestino delgado e intestino grosso.

8.7 Órgãos anexos

Consideramos órgãos anexos as glândulas salivares o fígado e o pâncreas. Como no início do capítulo já estudamos as glândulas salivares, veremos a seguir as características do fígado e do pâncreas.

8.7.1 Fígado

É considerada a maior glândula do corpo humano. Está situado na cavidade abdominal e em sua maior parte posicionado do lado direito.

O fígado produz a bile, que é armazenada pela vesícula biliar, sendo lançado no intestino delgado na altura do duodeno por meio de um canal chamado duto colédoco.

A bile, quando em contato com os alimentos ricos em gordura, tem a função de quebrar as moléculas de gordura em moléculas menores, auxiliando na ação da lipase pancreática.

8.7.2 Pâncreas

Também é considerada uma glândula volumosa, ligada ao duodeno, em posição posteroinferior ao estômago. Produz suco pancreático, um tipo de líquido digestivo que é levado ao duodeno pelo duto pancreático.

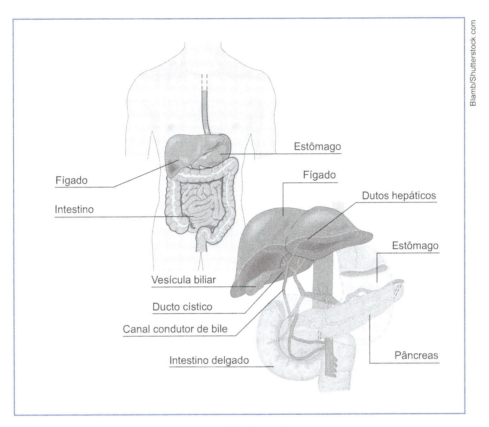

Figura 8.5 - Fígado e pâncreas.

Amplie seus conhecimentos

A flatulência é o acúmulo de gás no intestino e ocorre devido à fermentação de alguns alimentos, como a ingestão de bebidas gaseificadas, alcoólicas ou muito quentes e, até mesmo, pelo simples fato de engolir saliva. O normal é que um ser humano elimine entre 10 e 20 flatos por dia. O que significa 1,5 litro de gases, que podem ser inodoros ou não. Pesquise mais sobre o assunto.

www.todabiologia.com.br

Vamos recapitular?

Neste capítulo, estudamos todo o processo que envolve o Sistema Digestório, desde a entrada do alimento pela boca até sua saída, passando por todos os órgãos que envolvem o sistema.

Com isso, atingimos nosso principal objetivo, que era compreender e conceituar os órgãos que participam do Sistema Digestório.

Dessa maneira podemos passar para o próximo capítulo, no qual será estudado o Sistema Urinário, ou Sistema Excretor.

Mas antes do próximo capítulo, temos nossa atividade para ser concluída. Vamos responder?

Agora é com você!

1) Faça uma pesquisa sobre lipase pancreática e apresente aos seus colegas de classe.

2) Faça uma análise dos seus estudos e indique quais as principais glândulas do sistema digestório.

3) O que você entende por pepsina e quimo? Pesquise sobre o assunto e apresente um resumo.

4) Como se divide o Sistema Digestório?

5) Qual o papel da faringe?

6) Faça uma pesquisa sobre os órgãos anexos do Sistema Digestório e amplie seus estudos. Produza um texto a partir dessa pesquisa.

8.8 Bibliografia

(1) CRUZ, A.P. (Org.). **Curso didático de enfermagem - módulo I.** 1. ed. São Paulo: Yendis, 2005.

(2) DANGELO, J. G.; FATTINI, C. A. **Anatomia humana básica.** 2. ed. São Paulo: Atheneu, 2002.

(3) MARQUES, E. C. M. **Anatomia e fisiologia humana.** 1. ed. São Paulo: Martinari, 2011.

(4) APPLEGATE, E. **Anatomia e fisiologia.** 4. ed. São Paulo: Elsevier, 2012.

(5) KAWAMOTO, E. E. **Anatomia e fisiologia humana.** 3. ed. São Paulo: EPU, 2009.

Sistema Urinário

9

Para começar

Vamos dar início a mais uma parte dos nossos estudos, e, agora, aprenderemos sobre o Sistema Urinário, que também é chamado de Sistema Excretor, responsável pela eliminação de resíduos metabólicos do nosso organismo.

Vamos estudar os conceitos básicos que envolvem a anatomia desse sistema e os órgãos que o compõem.

O objetivo deste capítulo é conceituar o Sistema Urinário, seu metabolismo e os órgãos que o constituem, de forma a entender por que a partir dele ocorre a eliminação de resíduos metabólicos.

9.1 Conceitos básicos

O Sistema Urinário, ou Sistema Excretor, como também é conhecido, tem como função principal participar do processo de eliminação dos produtos finais do metabolismo celular, assim como realizar controle hídrico, salino e acidobásico do organismo[1].

A excreção é a eliminação dos resíduos resultantes das reações químicas das células do nosso organismo. Esses resíduos são nitrogenados e não podem permanecer na circulação sanguínea, pois são considerados tóxicos para o organismo. Consideramos substâncias tóxicas a amônia, a ureia e o acido úrico. Os néfrons, unidade filtradora dos rins, realizam a excreção dessas substâncias.

> **Fique de olho!**
>
> Existem cerca de um milhão de néfrons em cada rim.

Nosso rim é considerado metanefro, ou seja, retira todos os metabólitos diretos do sangue.

Consideramos que 99% da água é reabsorvida, e é no duto coletor que a urina é formada, posteriormente armazenada na bexiga e liberada pela uretra.

O Sistema Urinário tem como função:
- Formar e excretar a urina.
- Manter o nível de água corporal.
- Regular a composição química do meio interno.
- Eliminar substâncias nocivas ao organismo, filtrando e purificando o sangue.

9.2 Órgãos que compõem o Sistema Urinário

O Sistema Urinário é formado pelos seguintes órgãos:
- Rim
- Ureter
- Bexiga
- Uretra

9.2.1 Rim

Órgão par com o formato de um grão de feijão, de coloração vermelho-escura e responsável pela filtração do sangue, dando origem à urina.

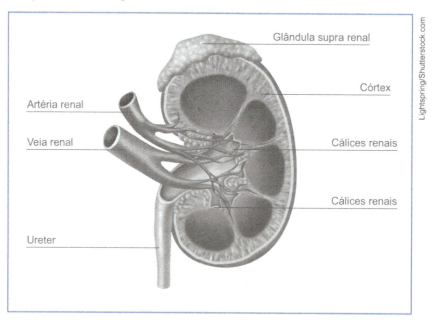

Figura 9.1 - Corte macroscópico do rim e seus componentes.

Cada rim apresenta uma borda convexa e outra côncava. Na borda côncava, está localizado o hilo renal, região por onde entra a artéria renal e saem à veia renal e o ureter.

Dentro do hilo renal encontram-se reservatórios, denominados bacinetes, que se formam pela reunião de pequenas bolsas chamadas de cálices.

9.2.2 Ureter

Conduto excretor que se estende do bacinete à bexiga. É responsável pelo transporte da urina dos rins até a bexiga.

9.2.3 Bexiga

Bolsa formada por musculatura membranosa, com grande capacidade de distensão, localizada na parte interior da pelve.

Em razão da diferença existente na anatomia dos órgãos masculino e feminino, a bexiga nos homens está localizada à frente do reto e na mulher à frente do útero, próximo a vagina.

A urina é transportada pelo ureter, armazenada na bexiga, e eliminada para o meio externo por um canal denominado de uretra.

Fique de olho!

Nosso organismo é capaz de eliminar uma quantidade habitual e considerada normal de urina entre 1,5 e 2 litros por dia.

9.2.4 Uretra

A uretra é um canal com dois esfíncteres, um interno e outro externo, que garantem a continência urinária, ou seja, o controle voluntário da micção. No homem a uretra possui um longo trajeto no interior do pênis, e na mulher esse trajeto é mais curto, o que contribui para uma maior facilidade de infecções no trato urinário. A urina é um subproduto da atividade renal, constituída de ureia, creatinina, ácido úrico e urubilinogênio[1].

Sistema Urinário

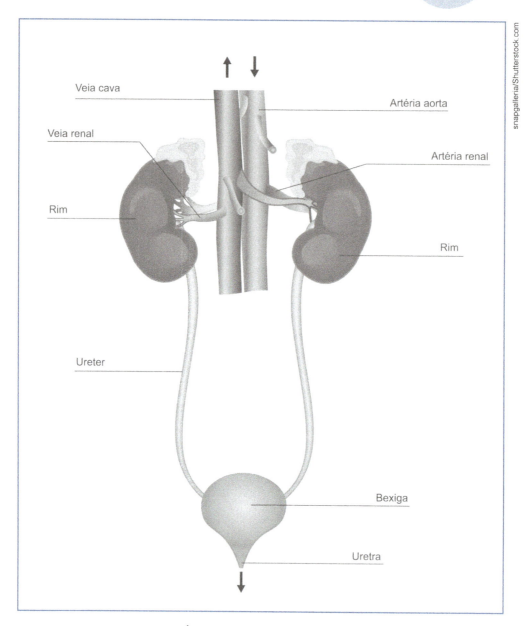

Figura 9.2 - Órgãos componentes do Sistema Urinário.

9.3 Fisiologia da filtração do sangue

O sangue penetra nos rins pelas artérias renais e é distribuído pelos néfrons, que retiram os resíduos tóxicos do sangue para eliminação. Após o sangue ser filtrado, ele sai dos rins pelas veias renais.

> **Amplie seus conhecimentos**
>
> A urina é composta por cerca de 95% de água. As principais excreções são ureia, cloreto de sódio e ácido úrico.
>
> www.todabiologia.com.br

Vamos recapitular?

Vimos neste capítulo toda a estrutura anatômica e fisiológica que envolve o Sistema Urinário, assim como as características dos órgãos que o compõem e suas funções. Com isso, atingimos nosso objetivo de estudo que era, além de conceituá-lo, compreender sua formação e atuação no nosso organismo.

Para continuarmos nossos estudos, vamos às atividades finais de aprendizado e em seguida ao próximo capítulo, que trata do Sistema Reprodutor masculino e feminino.

Agora é com você!

1) Elabore uma pesquisa abrangente sobre o Sistema Urinário, com foco na formação da urina e as atividades funcionais da bexiga. Apresente em forma de seminário junto aos colegas de classe e seu professor.

2) Descreva sobre as funções do Sistema Urinário e a importância dos néfrons.

3) Quais as diferenças anatômicas entre o Sistema Urinário masculino e feminino. Faça um quadro comparativo entre elas.

4) O que é excreção?

5) Quais órgãos compõem o Sistema Urinário?

6) Pesquise sobre a função dos rins e amplie seus conhecimentos. Produza um texto a partir de sua pesquisa.

9.4 Bibliografia

(1) CRUZ, A.P. (Org.). **Curso didático de enfermagem - módulo I.** 1. ed. São Paulo: Yendis, 2005.

(2) DANGELO, J. G.; FATTINI, C. A. **Anatomia humana básica.** 2. ed. São Paulo: Atheneu, 2002.

(3) MARQUES, E. C. M. **Anatomia e fisiologia humana.** 1. ed. São Paulo: Martinari, 2011.

(4) APPLEGATE, E. **Anatomia e fisiologia.** 4. ed. São Paulo: Elsevier, 2012.

(5) MIRANDA, E. **Bases de anatomia e cinesiologia.** 4. ed. Rio de Janeiro: Sprint, 2003.

(6) SANTOS, N. C. M. **Clínica médica para enfermagem.** 1. ed. São Paulo: Iátria, 2004.

Sistema Reprodutor

Para começar

Estamos chegando ao final dos nossos estudos. Neste capítulo vamos estudar o Sistema Reprodutor Humano, constituído pelo Sistema Reprodutor masculino e pelo Sistema Reprodutor feminino.

Sabemos que a reprodução não é essencial para a sobrevivência, porém é fundamental para a continuidade de uma determinada espécie.

Veremos neste capítulo o ciclo que envolve a reprodução humana, suas características e os órgãos que compõem cada sistema de reprodução.

Nosso principal objetivo é que, ao final dos estudos, você saiba conceituar o Sistema Reprodutor como um todo, diferenciando as características do feminino e do masculino, bem como sua importância para o organismo.

10.1 Sistema Reprodutor masculino

10.1.1 Conceitos básicos

Para entendermos o Sistema Reprodutor humano, precisamos definir reprodução.

Reprodução humana é a capacidade do ser vivo de gerar outro ser da mesma espécie[1], para isso é necessário um macho e uma fêmea, e pela junção dos elementos existentes em cada sistema reprodutor masculino e feminino será possível a fecundação do óvulo por um espermatozoide, criando assim um novo ser.

O Sistema Reprodutor masculino é formado por vários órgãos.

10.1.2 Órgãos genitais masculinos

O Sistema Reprodutor masculino está constituído pelos seguintes órgãos:

» Testículos: são glândulas genitais, em número par, responsáveis pela produção de espermatozoides, secretam a testosterona, hormônio sexual masculino. São estruturas ovais, ligeiramente achatadas, que medem aproximadamente 3,5 cm de comprimento. Alojam-se no escroto ou saco escrotal, que são bolsas de pele, as quais, juntamente com o pênis, formam o órgão reprodutor masculino externo. Os testículos são formados dentro do abdome durante o desenvolvimento fetal.

» Epidídimo: estruturas situadas contra a margem posterior de cada testículo que pode ser sentida na palpação. Atua como um depósito temporário para o esperma, até o momento da ejaculação.

» Canal deferente: é a continuação do epidídimo, tem a função de conduzir o esperma até o ducto ejaculatório.

» Vesículas seminais: responsáveis pela produção do líquido que será liberado no ducto ejaculatório, que, juntamente com o líquido prostático (produzido pela próstata), e os espermatozoides formarão o sêmen.

» Próstata: localizada abaixo da bexiga, é responsável por secretar substâncias alcalinas que neutralizam a acidez da urina e ativam os espermatozoides, auxiliando-os na condução para o meio externo.

» Glândulas bulbouretrais: produzem secreção transparente, com a função de preparar a uretra para receber o espermatozoide.

» Uretra: canal comum que participa tanto do sistema reprodutor masculino como do sistema urinário, servindo a micção e ejaculação.

» Pênis: órgão cilíndrico, formado por raiz, corpo e glande; tem em sua formação corpos cavernosos e corpos esponjosos.

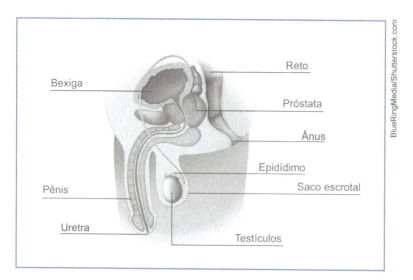

Figura 10.1 - Órgãos genitais masculinos.

10.2 Sistema Reprodutor feminino

10.2.1 Conceitos básicos

Denominamos Sistema Reprodutor feminino o conjunto de órgãos cujas funções são produzir a ovulação, receber o gameta masculino por meio da cópula e alojar o embrião até o seu nascimento. O Sistema Reprodutor feminino também está condicionado ao ciclo menstrual e à fecundação. Ele é composto por órgãos genitais externos e internos e está localizado na parte inferior do abdome, entre a bexiga e o reto.

É constituído pelos seguintes órgãos internos: ovários, trompas (tubas uterinas), útero, vagina; e externos: grandes e pequenos lábios, clitóris, orifício urinário e orifício vaginal. Veremos a seguir as características de cada órgão.

10.2.2 Órgãos genitais femininos

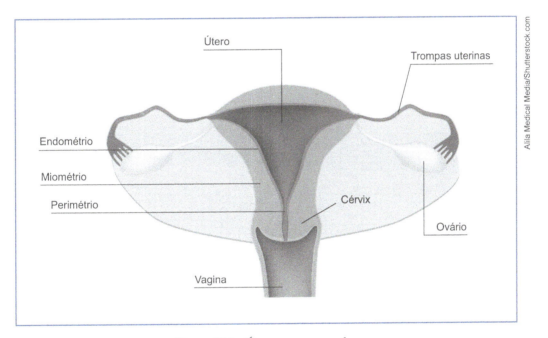

Figura 10.2 - Útero e suas camadas.

O Sistema Reprodutor feminino é constituído pelos seguintes órgãos internos:

» Vagina: tubo muscular que comunica a cavidade uterina com o meio externo. Sua função é eliminar a menstruação, receber o espermatozoide presente no sêmen depositado pelo pênis e permitir a passagem do feto durante o parto normal.

» Ovários: estão localizados no início das trompas uterinas, produzem hormônios (estrógeno e progesterona), que controlam as características sexuais secundárias, atuam sobre o útero no mecanismo de implantação do óvulo fecundado, e também no início da formação do embrião.

» **Trompas ou tuba uterinas:** são tubos alongados que vão da cavidade abdominal ao útero, transportam os óvulos dos ovários à cavidade uterina. Os espermatozoides passam pelas trompas na direção oposta ao trajeto do óvulo para fecundá-lo. A fecundação acontece nas trompas uterinas.

» **Útero:** tem a forma de uma pera invertida, localizado na cavidade pélvica, entre o reto e a bexiga. Tem a função de alojar o embrião durante seu desenvolvimento até o nascimento. O útero está dividido em três porções: fundo do útero, corpo do útero istmo e cérvix (colo do útero). É composto por três camadas: endométrio, camada mais interna que sofre modificações no ciclo menstrual; miométrio, camada média, provida de fibras musculares lisas, que constitui a maior parte da parede interna do útero; e perimétrio, camada externa, representada pelo peritônio.

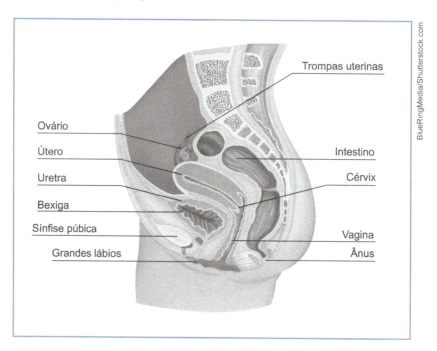

Figura 10.3 - Órgãos genitais femininos.

10.2.3 Ciclo menstrual

Também chamado de ciclo reprodutivo na mulher, é medido em dias. Inicia-se no 1º dia da menstruação e estende-se até o 1º dia do próximo ciclo menstrual.

Na maior parte das mulheres esse ciclo dura em torno de 28 dias, podendo variar de mulher para mulher (entre 21 e 35 dias), e de mês para mês, distribuídos da seguinte forma:

» Do 1º ao 5º dia: correspondem aos dias de menstruação;

» Do 6º ao 13º dia: corresponde ao período pré-ovulatório;

» No 14º: ocorre a ovulação;

» Do 15º ao 28º: ocorre o período denominado pós-ovulatório.

10.2.4 Fecundação

A fecundação é a união entre o espermatozoide e o óvulo[4]. A fecundação ocorre dentro de uma das trompas. A gestação inicia-se com a implantação do ovo fecundado dentro do útero, processo que chamamos de nidação.

> **Amplie seus conhecimentos**
>
> Falamos aqui apenas de reprodução humana, ou reprodução sexuada, mas sabemos que existe também a reprodução assexuada, onde não há necessidade de outro indivíduo para gerar descendentes da mesma espécie. Pesquise mais um pouco sobre o assunto.
>
> www.todabiologia.com.br

Vamos recapitular?

Este capítulo nos proporcionou conhecer e entender todo o processo do Sistema Reprodutor masculino e feminino. Vimos também a diferença de um sistema para o outro e como se encaixam perfeitamente para reproduzir a espécie humana.

Além de conhecer os órgãos que constituem cada sistema reprodutor, aprendemos os conceitos de reprodução, fecundação e ciclo menstrual, o que constitui a dinâmica do Sistema Reprodutor junto aos órgãos genitais.

No próximo capítulo, chegaremos ao final dos nossos estudos e veremos os dois últimos sistemas que compõem nosso organismo: o Sistema Endócrino e o Sistema Hematológico. Mas, para não deixarmos nossos estudos sem retorno de aprendizado, vamos às atividades.

Agora é com você!

1) Faça dois esquemas, um dos órgãos genitais masculinos e outro dos órgãos genitais femininos, identificando cada órgão e suas respectivas funções.

2) Pesquise sobre o espermatozoide, desde sua formação até sua eliminação.

3) Explique o que você entendeu sobre a reprodução.

4) Descreva sobre as etapas do ciclo menstrual.

5) Quais as camadas do útero?

6) Que órgãos compõem o Sistema Reprodutor feminino?

10.3 Bibliografia

(1) DANGELO, J. G.; FATTINI, C. A. **Anatomia humana básica.** 2. ed. São Paulo: Atheneu, 2002.

(2) KAWAMOTO, E. E. **Anatomia e fisiologia humana.** 3. ed. São Paulo: EPU, 2009.

(3) MARQUES, E. C. M. **Anatomia e fisiologia humana.** 1. ed. São Paulo: Martinari, 2011.

(4) CRUZ, A.P. (Org.). **Curso didático de enfermagem - módulo I.** 1. ed. São Paulo: Yendis, 2005.

(5) APPLEGATE, E. **Anatomia e fisiologia.** 4. ed. São Paulo: Elsevier, 2012.

(6) SANTOS, N. C. M. **Clínica médica para enfermagem.** 1. ed. São Paulo: Iátria, 2004.

Sistema Hematológico

Para começar

Estamos chegando ao final dos nossos estudos, veremos neste penúltimo capítulo o Sistema Hematológico, o grande responsável pela formação do sangue.

Este capítulo nos permitirá compreender a estrutura sanguínea do nosso organismo, bem como a fisiologia do sistema, os grupos sanguíneos e o fator Rh, responsáveis pelas características do nosso sangue.

11.1 Conceitos básicos

O Sistema Hematológico é compreendido pelo sangue e os locais onde ele é formado.

Como é de nosso conhecimento, o sangue possui uma coloração vermelha, sendo variável de acordo com sua classificação: vermelho-escuro – quando sangue venoso e vermelho vivo quando arterial. Essa coloração depende do grau de oxigenação que o sangue apresenta.

O sangue tem as seguintes funções:
- » Transportar oxigênio captado pelos pulmões até as células;
- » Transportar gás carbônico proveniente dos tecidos para os pulmões;
- » Transportar nutrientes e hormônios;
- » Transportar todas as excretas do metabolismo celular para os vários locais de excreção;
- » Defesa do organismo contra micro-organismos patogênicos ou substâncias estranhas.

É composto por duas partes:

» Plasma: porção do sangue formada por água, sais minerais, enzimas, pigmentos, proteínas, albumina e globulina.

» Elementos figurados: é a porção sólida do sangue, formada por glóbulos vermelhos, glóbulos brancos e plaquetas.

11.2 Grupos sanguíneos

Existe uma combinação no sangue determinada pelos antígenos, que classifica os grupos sanguíneos.

» Antígenos: denominamos antígeno toda substância estranha ao nosso organismo. Só não é considerado antígeno quando produzido pelo próprio organismo e reconhecido por ele. É isso que ocorre no grupo sanguíneo, as hemácias do sangue possuem antígenos em sua superfície para diferenciar os grupos sanguíneos. Veja a seguir:

O grupo sanguíneo A possui antígeno do sistema ABO – A;

O grupo sanguíneo B possui antígeno do sistema ABO – B;

O grupo sanguíneo AB possui antígeno do sistema ABO – AB;

O grupo sanguíneo O não possui nenhum antígeno.

Sabemos que quando um antígeno é estranho ao organismo, ele irá produzir anticorpos para neutralizar esse corpo estranho. Para as hemácias, os anticorpos se ligam a outras hemácias formando grumos.

Veja algumas combinações que os grupos sanguíneos podem apresentar:

» O grupo A recebe doação do grupo B – seu organismo irá produzir anticorpos anti–B e formar muitos grumos para eliminar os corpos estranhos.

» O grupo AB tem os dois antígenos, A e B, então pode receber sangue de todos os tipos, inclusive o tipo O, portanto chamado de receptor universal.

» O grupo tipo O não possui nenhum antígeno, portanto ele pode doar para qualquer tipo de sangue, é chamado de doador universal. Porém, não pode receber de nenhum tipo a não ser do próprio grupo tipo O.

O sangue possui elementos figurados em sua composição:

» Eritrócitos – glóbulos vermelhos: têm a função de transportar gases da hemoglobina e são formados na medula óssea.

» Leucócitos, neutrófilos, basófilos, eosinófilos: têm função de defesa na fase aguda das doenças e são formados na medula óssea.

» Linfócitos: têm função de defesa contra as inflamações crônicas e proteínas estranhas e são formados no baço.

» Monócitos: têm função de defesa contra as inflamações crônicas e são formados na medula óssea.

» Plaquetas: têm função de coagulação e são formadas na medula óssea.

11.3 Fator Rh

O fator Rh recebe essa denominação em razão das iniciais do macaco Rhesus, que serviu de cobaia para os estudos do sangue.

Possui em sua composição um antígeno denominado antígeno D considerado Rh-positivo, e na ausência desse antígeno D, o fator Rh se torna negativo.

Se um indivíduo Rh-negativo receber sangue Rh-positivo, irá provocar uma aglutinação das hemácias. No entanto, o Rh-positivo pode receber sangue Rh-negativo.

Amplie seus conhecimentos

A maior parte do plasma sanguíneo é composta por água - 93%, daí a necessidade de nos mantermos sempre hidratados. Nos 7% restantes encontramos: oxigênio, glicose, proteínas, hormônios, vitaminas, gás carbônico, sais minerais, aminoácidos, lipídeos e ureia.

www.todabiologia.com.br

Vamos recapitular?

Vimos neste capítulo que o Sistema Hematológico compreende a estrutura de sobrevivência do organismo, é através do tipo sanguíneo que podemos determinar as características da nossa genética.

O grupo sanguíneo e o fator Rh determinam as condições de doação e recepção de sangue para os indivíduos.

Para assimilar seus conhecimentos, responda às atividades na sequência.

Agora é com você!

1) Faça uma pesquisa sobre os tipos sanguíneos e fator Rh e apresente aos colegas em forma de seminário. Enfatize quanto ao doador e receptor universal.

2) Descreva as funções do sistema hematológico.

3) O que são antígenos?

4) Quais são os elementos do sangue?

5) O que é fator Rh?

6) Pesquise sobre incompatibilidade sanguínea.

11.4 Bibliografia

(1) DANGELO, J. G.; FATTINI, C. A. **Anatomia humana básica.** 2. ed. São Paulo: Atheneu, 2002.

(2) CRUZ, A.P. (Org.). **Curso didático de enfermagem - módulo I.** 1. ed. São Paulo: Yendis, 2005.

Sistema Endócrino

Para começar

Chegamos ao final dos nossos estudos. Este é nosso último capítulo, portanto, aluno, continue suas pesquisas referentes a cada capítulo estudado e mantenha-se sempre informado. Os assuntos discutidos aqui servirão de apoio e base para que novos conhecimentos sejam aplicados no seu dia a dia.

Estudaremos neste capítulo o Sistema Endócrino, sistema responsável pela regulação e coordenação de múltiplas atividades do nosso organismo.

Vamos iniciar com os conceitos básicos e depois veremos as características de cada glândula que compõe o sistema.

Nosso objetivo é que no final dos estudos você possa reconhecer e compreender o sistema endócrino como um sistema de suma importância para o nosso organismo.

12.1 Conceitos básicos

O Sistema Endócrino é considerado um conjunto de glândulas responsáveis por secretar hormônios no sangue, sua principal função é regular e coordenar múltiplas atividades no nosso organismo, integrando as atividades do Sistema Nervoso e do ambiente interno[1].

Os hormônios secretados pelas glândulas endócrinas são substâncias orgânicas, lançadas na corrente sanguínea com característica de modificar determinadas células.

As glândulas endócrinas são reguladas pelo sistema nervoso ou por outras glândulas endócrinas, que formam um mecanismo de inter-relação neuroendócrina[1][2].

As principais glândulas endócrinas são: hipófise, tireoide, paratireoides, suprarrenais e pâncreas.

12.2 Principais glândulas endócrinas

12.2.1 Hipófise

É uma pequena glândula, localizada na base do encéfalo, abaixo do hipotálamo, formada por duas porções:

» **Hipófise anterior ou adenoipófise:** produz hormônio vasopressina ou antidiurético (ADH) e ocitocina. A vasopressina estimula a contração da musculatura dos vasos sanguíneos provocando um aumento na pressão sanguínea. Atua nos rins, onde reabsorve água dos túbulos dos néfrons e nas porções de tubos coletores. A vasopressina contribui para a regulação do equilíbrio osmótico do meio interno, assim como estimula a contração do útero durante o parto, resultando na expulsão do feto, e ainda estimula a contração das células musculares das glândulas mamárias, auxiliando na saída do leite materno. A adenoipófise também produz hormônios, são eles: o hormônio do crescimento ou somatotrópico (GH); lactogênio ou prolactina (LTH); tireotrófico ou tireoideo-estimulante (TSH), que estimula a síntese de hormônio da tireoide e a liberação para o sangue; gonadotróficos (foliculoestimulante [FSH]), que na mulher atuam sobre os ovários estimulando a manutenção dos folículos ovarianos e a síntese de estrogênio, e no homem estimulam a produção de espermatozoide; e luteinizantes (LH), esses agem na lactação, provocando a ovulação na mulher, e no homem estimulam a síntese de andrógeno), e os adrenocorticotróficos (ACTH), estimulam a produção de glicocorticoides e hormônios sexuais;

» **Hipófise posterior ou neuroipófise:** é irrigada por veias e artérias, que constituem o sistema porta.

Amplie seus conhecimentos

O hormônio do crescimento (GH) age nos ossos estimulando o crescimento. Em quantidades excessivas pode acarretar para o ser humano o que denominamos de gigantismo. Já em liberação deficiente durante a infância pode acarretar o nanismo.

www.todabiologia.com.br

12.2.2 Tireoide

Trata-se de uma glândula que produz hormônio, como a tiroxina, que estimula o metabolismo das células. Esta localizada na região cervical, anterior à traqueia, e é irrigada por um grande número de vasos sanguíneos e linfáticos.

A regulação da secreção da tireoide é realizada pelo hormônio tireotrófico ou tireoideestimulante (TSH), que é produzido na hipófise.

Para que a tireoide produza tiroxina é necessário que haja produção adequada de iodo, a falta dessa produção compromete a tireoide em aumento de tamanho da glândula.

12.2.3 Paratireoides

Estão localizadas na parte posterior da tireoide, são em número de quatro, em tamanhos muito pequenos, têm a função de secretar o paratormônio que regula o metabolismo de cálcio no nosso organismo.

12.2.4 Suprarrenais

Conhecidas também por adrenais, são glândulas localizadas na parte superior dos rins. São constituídas por duas porções: o córtex, uma parte mais externa, e a medula, a parte mais interna.

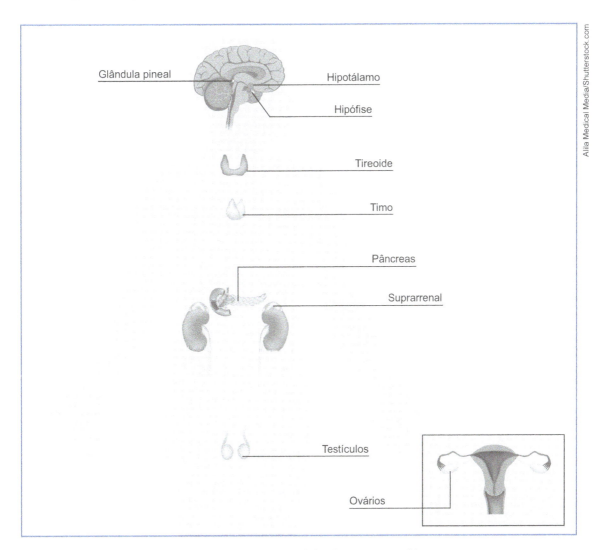

Figura 12.1 - Principais glândulas do Sistema Endócrino.

Sistema Endócrino

O córtex é responsável por secretar os seguintes hormônios:

» Glicocorticoides: agem diretamente no metabolismo proteico, lipídico e de carboidratos. São responsáveis pelo aumento do glicogênio.

» Mineralocorticoides: agem estimulando a reabsorção de sódio nos túbulos renais, na mucosa gástrica, nas glândulas salivares e sudoríparas.

A medula suprarrenal é responsável por secretar os hormônios adrenalina e noradrenalina. Esses hormônios são liberados após desencadear fortes emoções, causando vasoconstrição, hipertensão, bradicardia ou taquicardia (já estudamos esses termos, lembra?) e aumento da glicose na circulação sanguínea. Consideramos esse evento como uma defesa do nosso organismo em situações de alerta ou emergência.

12.2.5 Pâncreas

O pâncreas é considerado uma glândula mista, pois tem função endócrina e exócrina. A porção exócrina produz suco pancreático, que participa da digestão, e a endócrina produz hormônio, que participa do metabolismo de glicose[1][2].

O pâncreas possui em sua constituição as ilhotas de Langerhans, constituídas de células que secretam a insulina. Essas têm a função de regular e manter o nível de insulina no organismo normal, e quando esse índice aumenta, a insulina é secretada pelo pâncreas, e quando ocorre o contrário, o índice de insulina cai, é secretado o glucagon, que tem ação direta sob o fígado, onde é promovida a liberação de glicose armazenada em forma de glicogênio.

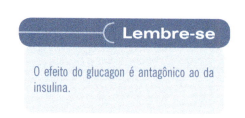

Lembre-se

O efeito do glucagon é antagônico ao da insulina.

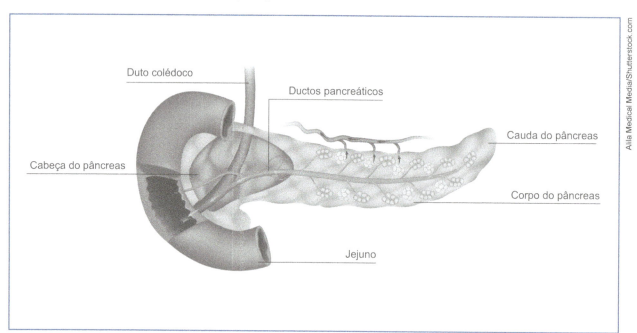

Figura 12.2 - Pâncreas.

Vamos recapitular?

Este capítulo nos permitiu conhecer a dinâmica das glândulas endócrinas e de todo Sistema Endócrino em nosso organismo.

Para encerrar nossos estudos, vamos às atividades finais.

Agora é com você!

1) Faça uma pesquisa sobre as principais glândulas do sistema endócrino e explique suas características básicas.

2) Elabore um esquema comparativo ente as glândulas estudadas neste capítulo, com todas as particularidades que cada uma possui.

3) Quais são as principais glândulas endócrinas?

4) Que hormônio é responsável pela regulação da tireoide?

5) Quais hormônios são secretados pelo córtex?

6) Pesquise sobre a produção de insulina.

12.3 Bibliografia

(1) CRUZ, A. P. (Org.). **Curso didático de enfermagem - módulo I.** 1. ed. São Paulo: Yendis, 2005.

(2) DANGELO, J. G.; FATTINI, C. A. **Anatomia humana básica.** 2. ed. São Paulo: Atheneu, 2002.

(3) SANTOS, N. C. M. **Clínica médica para enfermagem.** 1. ed. São Paulo: Iátria, 2004.